核安全概论

陈玉清 龚军军 等编著

于 雷 主审

国防工业出版社

·北京·

内 容 简 介

本书共分 8 章，主要介绍了核能及核技术的发展、核能的来源及释放机理、辐射安全与防护、核武器核安全、核动力核安全、核安全文化、核安全监管、核事故及其应对等内容；附录中主要介绍核电站发生的几起重大核事故。

本书主要面向非核专业人员学习使用。

图书在版编目（CIP）数据

核安全概论 / 陈玉清等编著. —北京：国防工业出版社，2025.5 重印
ISBN 978-7-118-11979-4

Ⅰ.①核… Ⅱ.①陈… Ⅲ.①核安全－概论－军事院校－教材 Ⅳ.①TL7

中国版本图书馆 CIP 数据核字（2019）第 227183 号

※

国防工业出版社 出版发行

（北京市海淀区紫竹院南路 23 号　邮政编码 100048）
北京凌奇印刷有限责任公司印刷
新华书店经售

*

开本 710×1000　1/16　印张 11½　字数 186 千字
2025 年 5 月第 1 版第 6 次印刷　印数 8001—9000 册　定价 69.00 元

（本书如有印装错误，我社负责调换）

国防书店：(010)88540777　　书店传真：(010)88540776
发行业务：(010)88540717　　发行传真：(010)88540762

前　言

随着核装备（包括核动力舰艇和核武器）以及核设施（指核装备贮存、驻泊、换料、维修、退役设施，核材料贮存设施，放射性废物处理、处置设施，核装备、核材料、放射性废物运输专用设施）的建设与发展，为普及核安全知识，树立科学待核的态度，确保安全用核，急需一本专门介绍核安全基础知识的教材。目前，该领域的相关教材主要是针对核专业人员，理论内容深奥，重点强调的是核动力装置核安全问题，缺乏对核武器安全问题的阐述。而本书主要面向非核专业人员，重点突出基础性、通俗性，力戒复杂深奥的公式和理论；重点希望讲清楚核能的来源、特征、应用过程的辐射安全问题，核武器、核动力装置的风险特征及防范策略。

本书共分 8 章，第 1 章主要介绍核能及核技术的发展，第 2 章主要介绍核能的来源及释放机理，第 3 章主要介绍辐射安全与防护，第 4 章主要介绍核武器核安全，第 5 章主要介绍核动力核安全，第 6 章主要介绍核安全文化，第 7 章主要介绍核安全监管，第 8 章主要介绍核事故及其应对；附录中主要介绍核电站发生的几起重大核事故。

本书第 1、2、5 章，第 8 章 8.1～8.3 节由陈玉清编写，第 3 章由龚军军、门金凤编写，第 4 章由黄桂编写，第 6 章由傅晟威编写，第 7 章由宋超编写，8.4 节由傅晟威编写，附录由赵新文编写；全书由陈玉清统稿，于雷主审。

限于编者的水平，书中难免有一些缺点和错误，敬请读者批评指正。

作　者

2019 年 7 月

目 录

第1章 核能及核技术的发展 ... 1
1.1 核能的发展及应用 ... 1
1.1.1 核武器的发展 ... 2
1.1.2 核电站的发展 ... 3
1.1.3 核动力舰艇的发展 ... 5
1.2 核技术的发展及应用 ... 7
1.2.1 核技术在农业领域的应用 ... 8
1.2.2 核技术在工业、环保领域的应用 ... 9
1.2.3 核技术在医学领域的应用 ... 11
1.3 核能及核技术应用过程的核安全问题 ... 12
思考题 ... 13

第2章 核能的来源及释放机理 ... 15
2.1 核能的来源 ... 15
2.1.1 原子核的基本特性 ... 15
2.1.2 原子核的结合能 ... 16
2.2 核能释放的途径 ... 17
2.3 原子核间的转换 ... 19
2.4 中子与原子核的相互作用 ... 21
2.4.1 产生中子的反应 ... 22
2.4.2 中子与核的反应 ... 23
2.4.3 中子核反应的定量描述 ... 25
2.5 核裂变及裂变功率 ... 30
2.5.1 原子核的裂变机理 ... 30
2.5.2 自持链式裂变反应 ... 34
2.5.3 裂变功率与剩余功率 ... 37

思考题 … 40

第3章　辐射安全与防护 … 41

3.1　辐射源 … 41
3.2　常见射线的性质与危害 … 43
3.2.1　α射线的性质与危害 … 43
3.2.2　β射线的性质与危害 … 43
3.2.3　γ射线的性质与危害 … 44
3.2.4　中子的性质与危害 … 45
3.3　常用辐射量与单位 … 45
3.3.1　放射性活度 … 46
3.3.2　吸收剂量 … 46
3.3.3　当量剂量 … 47
3.3.4　有效剂量 … 48
3.4　辐射生物效应 … 49
3.4.1　辐射对细胞的损伤 … 49
3.4.2　辐射生物效应的分类 … 49
3.5　辐射防护体系与法律法规 … 51
3.5.1　辐射防护三原则 … 52
3.5.2　辐射防护相关的法律法规标准 … 53
3.6　辐射防护的基本方法 … 55
3.6.1　外照射防护的一般方法 … 55
3.6.2　内照射防护的一般方法 … 56
3.7　放射性废物处理 … 57
3.7.1　放射性废物的来源与分类 … 57
3.7.2　放射性废物处理的基本原则与指标 … 58
3.7.3　放射性气体废物的处理 … 60
3.7.4　放射性废液的处理 … 62
3.7.5　放射性固体废物的处理 … 64

　　思考题 … 66

第4章　核武器核安全 … 67

4.1　原子弹的结构原理 … 67

  4.1.1 枪式原子弹 ·· 68
  4.1.2 内爆式原子弹 ·· 70
 4.2 氢弹的结构原理 ·· 72
 4.3 核武器的杀伤破坏效应 ·· 74
  4.3.1 冲击波效应 ·· 76
  4.3.2 光辐射效应 ·· 78
  4.3.3 早期核辐射 ·· 80
  4.3.4 核电磁脉冲 ·· 81
  4.3.5 放射性沾染 ·· 83
 4.4 核武器的危险源 ·· 84
 4.5 核武器事故特点及类型 ·· 86
 4.6 核武器安全保证措施 ·· 88
 思考题 ··· 90

第 5 章　核动力核安全 ·· 91
 5.1 舰艇核动力装置基本原理及组成 ·································· 91
  5.1.1 核动力装置的基本原理 ···································· 91
  5.1.2 核动力装置的基本组成 ···································· 92
  5.1.3 一回路系统主要设备 ······································ 93
  5.1.4 二回路系统主要设备 ······································ 98
 5.2 舰艇核动力装置的风险特征 ······································ 100
  5.2.1 舰艇核反应堆的风险源 ··································· 101
  5.2.2 舰艇核动力装置风险影响因素 ··························· 102
  5.2.3 舰艇核动力装置事故分类方法 ··························· 104
 5.3 舰艇核动力装置典型事故的响应特征 ···························· 106
  5.3.1 反应性事故及其响应 ····································· 107
  5.3.2 失流事故及其响应 ······································· 108
  5.3.3 失水事故及其响应 ······································· 110
  5.3.4 二回路系统排热减少事故及其响应 ······················ 112
  5.3.5 二回路系统排热增加事故及其响应 ······················ 114
  5.3.6 未能紧急停堆的预期瞬态及其响应 ······················ 115

5.4 舰艇核动力装置核安全基本策略 ··· 117
    5.4.1 贯彻落实核安全基本原则 ·· 117
    5.4.2 持续推动核安全技术进步 ·· 119
    5.4.3 强化全寿期核安全保障 ··· 122
思考题 ·· 124

第 6 章 核安全文化 ··· 126
6.1 核安全文化的定义 ··· 126
6.2 核安全文化的起源与发展 ·· 127
    6.2.1 国际核安全文化的发展 ··· 130
    6.2.2 国内核安全文化的发展 ··· 131
6.3 核安全文化的作用 ··· 131
    6.3.1 贯彻落实核安全的本质要求 ·· 131
    6.3.2 保障核能发展的重要手段 ·· 132
    6.3.3 减少人因失误的有力措施 ·· 132
6.4 核安全文化的特征与内涵要求 ··· 133
    6.4.1 核安全文化的基本特征 ··· 133
    6.4.2 核安全文化的宏观架构 ··· 134
    6.4.3 对决策层的内涵要求 ··· 136
    6.4.4 对管理层的内涵要求 ··· 137
    6.4.5 对执行层的内涵要求 ··· 138
6.5 核安全文化缺失弱化的危害 ·· 138
6.6 核安全文化的良好实践 ·· 141
    6.6.1 运行经验反馈 ·· 141
    6.6.2 防人因失误工具的应用 ··· 141
思考题 ·· 144

第 7 章 核安全监管 ··· 145
7.1 核安全法规 ·· 145
7.2 核安全审批及资格管理制度 ·· 147
7.3 核安全监督检查制度 ··· 148
思考题 ·· 150

第8章 核事故及其应对 ································· 151
8.1 历史上重大核事故简介 ···························· 151
8.2 压水堆严重事故基本过程 ························· 153
8.2.1 堆芯内融化过程 ···························· 153
8.2.2 堆芯外事故响应过程 ······················ 154
8.3 压水堆严重事故防范对策 ························· 155
8.3.1 严重事故的预防策略 ······················ 155
8.3.2 严重事故的处置原则 ······················ 156
8.3.3 严重事故的缓解措施 ······················ 156
8.4 核事故核应急 ·· 157
8.4.1 事故条件下的放射性源项 ················ 157
8.4.2 核应急相关基本问题 ······················ 159
8.4.3 核应急计划与响应 ························· 161
思考题 ··· 163

附录 核电站严重事故简介 ······························· 165
1．三哩岛核事故 ·· 165
2．切尔诺贝利核事故 ······································· 166
3．福岛核事故 ·· 169

参考文献 ·· 171

第1章 核能及核技术的发展

自人类文明诞生以来，就从未停止过对大自然的好奇和探索，并随着科技的不断发展，对自然认知的维度不断扩展。组成自然界的最小物质单元也逐步从"分子""原子"更正为"原子核"，此后的一段时间，人们认为原子核是不可分割的。直到1896年法国人贝可勒尔发现原子核的天然放射性，为核物理学的诞生奠定了第一块基石，也拉开了人类探索原子核内部奥秘的序幕。此后短短几十年，核物理学的各种成果如雨后春笋，不断提升人类对原子核的认知水平。1942年，费米领导研制出人类历史上首座核反应堆，首次实现了以可控方式进行自持链式裂变反应，为核能的开发利用奠定了坚实基础。本章将在回顾核能发展简史的基础上，重点介绍核武器、核电站及舰艇核动力与核技术的发展应用状况。

1.1 核能的发展及应用

在人们发现原子核的天然放射性后，1898年，居里夫妇就从沥青中提炼出了放射性物质"钋"和"镭"；此后英国人卢瑟福通过研究射线特征，不断识别出射线的类型和放射性物质衰变的规律；1905年，爱因斯坦创造性地提出了质量与能量转换的关系式，即 $E=mc^2$，由于光速 c 的数值很大，很小的质量损失就能获得巨大的能量；但这个公式在很长一段时间没有得到试验验证。

1919年，卢瑟福在用α粒子轰击氮核的试验中，首次人为实现了核与核之间的转换，并发现一种新的粒子——质子，随后预言了中子的存在。1932年，卢瑟福的学生兼助手查得威克在用α粒子轰击 ^9Be 的实验中发现了自由中子。至此，人类对原子核结构的认识逐渐清晰起来。由于中子不带电，可以不考虑中子与原子核撞击过程的库仑斥力，中子成为了轰击原子核、探索原子核奥秘的最佳探针。

1938年，德国人哈恩用中子轰击铀核实现了铀核的裂变，并发现裂变过程会释放能量，且能量大小刚好等于核反应物质质量损失所折算出来的能量，试验证明了公式 $E=mc^2$ 的正确性。1939年德国人证明铀核分裂过程将会放出2～3个中子，从理论上确定了自持链式裂变反应的可行性。如果有足够多的铀核材料裂变，就可以释放出大量的能量。同年，恰逢第二次世界大战爆发，美、英、德等国都想利用核反应产生的巨大能量，在瞬间形成核爆炸，生成巨大破坏力与杀伤力来摧毁对手，为此竞相进行核武器研究，但当时缺乏制作核武器需要的高纯度核裂变材料。

1942年12月2日15点20分，意大利科学家费米在美国新墨西哥州点燃了世界上第一座原子核反应堆，为人类打开了利用原子能的大门。世界第一座核反应堆建成之后，美国先后建造了三座石墨水冷生产堆，用于生产原子弹所需的钚，同时采用电磁分离法生产高富集铀，积累了核武器级的核材料。

1.1.1 核武器的发展

1945年美国研制出三颗原子弹，一颗用于试验，另外两颗则分别投落在日本的广岛和长崎上空。其中扔向广岛的原子弹，长3.05m，直径0.711m，外形瘦长，被称为"小男孩"，总重约4t，共装有64kg ^{235}U。造成的爆炸当量却高达1.25万t TNT，导致7.1万人死亡，6.8万人受伤，12km^2 内5万座建筑被毁。而扔向长崎的原子弹，长3.35m，直径1.52m，由于外形更"胖"而被称为"胖子"，装有6.2kg ^{239}Pu。造成的爆炸当量为2.2万t TNT，爆炸威力更大，但由于长崎的地形特殊，造成的损失反而稍小，但仍导致3.5万人死亡，6.0万人受伤，4.7km^2 内约两万座建筑被毁。

核武器的巨大杀伤力，加速了日本的无条件投降。紧接着1952年美国成功研制出威力更大的氢弹；苏、英、法也分别于1949、1952、1960年成功试爆了原子弹，后来又分别成功研制出氢弹。中国分别于1964年10月16日和1967年6月17日成功地爆炸了原子弹和氢弹，一举奠定了大国地位。

后来，围绕不同的发展目标，核能强国又先后发展出不同类型的第三代核武器，如中子弹和核电磁脉冲弹；目前还准备发展第四代核武器，如反物质弹和粒子束武器等。冷战期间，在东西方两大阵营对抗的刺激下，美、苏等核大国为谋求军事优势、争夺霸权，展开了大规模军备竞赛，研发了大量的核武器，全世界最多时拥有各类核弹头共计6万多颗；即便是经过核裁军后的今天，美、俄仍分别持有约7000枚核弹头（其中部分核弹头处于待销毁状态）。

世界范围内仍存有的核武器总当量约 200 多亿 t TNT 炸药，相当于全世界每个人头上顶了超过 3t 的 TNT 炸药，足以毁灭地球几十次。

核武器的巨大威力改变了战争的形态，恩格斯曾说："一旦技术上进步，可以用于军事目的，并且已经用于军事目的，他们便立刻引起作战方式上的改变和变革。"但是对爱好和平的国家来说，核武器是"以慑止战"的重要支撑，也是维护国家安全的和平盾牌。

1.1.2 核电站的发展

核武器所展示的巨大威力和对人类潜在的威胁，促使了有良知的科学家和政治家一方面反思限制核武器的发展，另一方面积极推动核能的和平利用，从而促进了核电站的大力发展。核电站是在核反应堆内通过可控方式裂变释放核能，然后将裂变能转化为人类可以利用的热能或电能。1954 年苏联建造了首座发电联网的核电站，从此拉开了核电站建设的大幕。

1. 核电站反应堆的类型

经过几十年的发展，人们根据需要开发出了多种类型的核电站，基于慢化剂和冷却剂性质的差异，电站核反应堆可以分为压水堆、沸水堆、重水堆和气冷堆。

（1）压水堆：是以加压的、未发生沸腾的轻水作为慢化剂和冷却剂的反应堆，轻水被密闭在回路系统中，也称一回路系统；其内部冷却剂通过堆芯时被加热，随后在蒸汽发生器中将热量传给二回路的水，使二回路水沸腾产生蒸汽，蒸汽不断推动汽轮发电机发电，从而完成从核能到电能的转换。

（2）沸水堆：是以沸腾的轻水作为慢化剂和冷却剂的反应堆，冷却剂通过堆芯时直接被加热变成饱和蒸汽，蒸汽推动汽轮发电机发电，完成从核能到电能的转换。沸水堆和压水堆都是轻水堆。

（3）重水堆：是以重水作为慢化剂，以轻水或重水作冷却剂的反应堆，可以用天然铀作燃料，其能量转换原理与压水堆类似。

（4）气冷堆：一般指使用石墨慢化、氦气冷却的反应堆，氦气流经堆芯时直接被加热，高温气体推动汽轮发电机发电，完成从核能到电能的转换。现在的改进设计中，氦气的温度较高，也称高温气冷堆，可以大大提高发电的效率。

为了提高核燃料的利用率，当前还在大力发展快中子反应堆，简称快堆。快堆是利用快中子裂变释放能量的反应堆，一般采用液态金属冷却。

2. 核电站的建设

世界核电发展已有六十多年的历史，大致经历了 1954—1965 年实验示范阶段、1966—1980 年高速推广阶段、1981 年后的滞慢发展阶段，以及 2000 年至今的不断复苏阶段。截至 2019 年 12 月，全球约有 442 台机组在运行，总装机容量约为 3.9 亿 kW，核电约占全年总电力产量的 11%，还有在建机组 54 座；核能是现代能源结构的重要组成部分。核电机组较多的国家有美国（97 座）、法国（58 座）、日本（42 座）、俄罗斯（35 座）、韩国（25 座）、印度（22 座）、加拿大（19 座）、乌克兰（15 座）、英国（15 座）。中国大陆运行机组 47 座，中国台湾地区在运机组 4 座，在沿海一带形成若干个核电基地；在建机组 11 座，是在建机组最多的国家。核电约占中国电力供应总量的 4%，预计 2020 年将达到 6%，当前核电已是我国电力供应特别是清洁能源的重要组成部分，核电技术也是我国对外出口的一张名片。

3. 核电技术的发展

在核电建设过程中，人们也一直在改进其技术，不断提升其安全性和经济性。根据核电站技术、安全特征，目前将核电站分为四代。第一代主要指在试验示范阶段建设的反应堆，这些堆也称原型堆，在技术上往往有探索性质，单堆功率相对较低、规范标准要求不系统、安全性不高，目前几起严重核事故主要发生在这些原型堆核电厂。第二代主要是指在原型堆的基础上，经过不断改进，提高了单堆的功率和安全性，基于系列标准规范所建设的大型商用核电站，这些反应堆主要建于 20 世纪七八十年代，占目前在役核电厂的绝大多数。第三代核电站是指 20 世纪 90 年代后逐步开发的先进轻水堆核电站，通过吸取核事故的经验教训，采用标准化、最优化和非能动安全设计，第三代核电站的安全性、经济性得到了进一步改进，堆芯熔化概率普遍降到了 10^{-5}/（堆×年），场外大规模放射性释放概率降到了 10^{-6}/（堆×年），如 AP1000 系列、EPR-1700、华龙一号、ABWR 等。第四代核电站是指目前还正在开发的核电技术，其安全性高，堆熔和放射性释放概率比第三代机组还要降低一个数量级，且经济性高、放射性废物少、能防核扩散，还能满足环境生态和资源可持续发展，典型代表有超临界水冷堆系统（SCWR）、超高温气冷堆系统（VHTR）、气冷快堆系统（GFR）、液态钠冷却快堆系统（SFR）、铅合金液态金属冷却快堆系统（LFR）、熔盐反应堆系统（MSR）。

1.1.3 核动力舰艇的发展

铀原子核裂变现象发现后不久，科学家就预言，核动力将是最理想的潜艇动力。首先，核燃料"燃烧"释放能量过程不需要氧气，潜艇不再需要频繁浮起充电，隐蔽性好；其次，一炉核燃料可满功率运行 1～5 年，被认为几乎具有无限的续航力；再次，具有在航率高和低噪声等优点；最后，核反应堆单堆功率高，潜艇可获得较高的水下航速。

1946 年，美国决定研制第一艘核动力潜艇，命名为"鹦鹉螺"号，于 1954 年 1 月 21 日在柯罗顿市举行了下水仪式，同年 9 月服役。在穿越大西洋的航行中平均航速 20kn（节），是当时常规潜艇的 1.5 倍，从纽约港下潜，仅用 5 天就穿越大西洋到达英国的利物浦，当时被人们称为穿行海底的"怪物"。1958 年 8 月 3 日深夜还实现了人类有史以来第一次从海底通过北极点的伟大壮举。

核动力潜艇列编之初，主要以鱼雷作攻击武器。后来随着现代武器的迅速发展和核动力潜艇技术的不断改进，特别是战略弹道导弹装备核动力潜艇后，人们即按其配备武器的不同，将其区分为攻击型和弹道导弹型核动力潜艇两种；此外美、俄还发展了巡航导弹核潜艇。

1. 攻击型核潜艇

目前新型攻击型核潜艇装备有自导鱼雷、遥控鱼雷、巡航导弹等先进武器。可以有效地攻击敌舰艇及岸上重要目标、歼灭敌方运输船队，还可隐蔽地侦察敌情、支援特种部队作战、为航空母舰编队护航。该型潜艇占核潜艇的绝对多数，现役约 100 多艘。

其中，美国已经没有常规潜艇在役，从 1955 年第一艘攻击型核潜艇"鹦鹉螺"号服役以来，先后研制了 5 代多型攻击型核潜艇，目前有"洛杉矶"级、"海狼"级、"弗吉尼亚"级共约 54 艘在役。最新的为"弗吉尼亚"级，该级水下排水量 7800t，水下最大航速约 30kn，总体噪声指标达到 120dB 以下，装备 12 具巡航导弹垂直发射筒和 4 具鱼雷发射管，具有强大的攻击力。

俄罗斯（苏联）从 1954 年开始先后研制了多达 9 型攻击型核动力潜艇，当前最新的为"亚森"级。"亚森"级水下排水量 8600t，采用一体化压水堆和泵喷推进，水下最大航速近 31kn；总体噪声 120～130dB，装备有 8 具巡航导弹发射筒、8 具鱼雷发射管，可以携带巡航导弹、鱼雷和反潜导弹共 38 枚，被称作"水下核巡洋舰"。

英国有"特拉法尔加"级、"机敏"级两型核动力潜艇，最新的为"机敏"级，水下排水量7200t，采用与艇同寿命的压水堆和泵喷推进，水下最大航速32kn；装备"战斧""鱼叉"导弹及"旗鱼"鱼雷等38枚武器，攻击力也非常强。

法国有"红宝石"级和"梭鱼"级两型攻击性核潜艇，"梭鱼"级攻击型核潜艇首艇于2007年开工，2019年7月下水，水下排水量5000t左右，装备K15改进型一体化压水堆，以及SCALP型（"风暴幽灵"）潜基巡航导弹。

2. 弹道导弹核动力潜艇

导弹和核武器的发展，特别是远程弹道导弹的出现，使得现代战争的格局发生了新的变化；但在卫星技术高度发达的今天，陆上固定的战略导弹基地不被发现的概率很小。而核动力潜艇可深藏在波涛汹涌的大洋之底，还可在大洋中到处游弋，不易被发现，是一种理想的活动而隐蔽的导弹基地。因此，研制弹道导弹核动力潜艇受到了普遍的重视。

1959年底，出现了第一艘弹道导弹核动力潜艇，但航速较低，排水量较小，弹道导弹的射程也只有3000～4000km，威力相对有限。发展到现在，美国在役的"三叉戟"导弹核动力潜艇，所载导弹射程达到了12000km，能在美国本土附近的海域发射导弹来攻击世界范围内任一敌方目标；每枚导弹还有8～12枚分弹头，美国每天都有6～8艘弹道导弹核潜艇在海上巡航，是其三位一体战略核威慑力量的重要组成。

俄罗斯/苏联也先后研制出多型战略导弹核潜艇，最新的弹道导弹型核潜艇为"北风之神"级。"北风之神"级排水量约17000t，采用的是一体化压水堆，噪声指标130～140dB，可携带16枚"火棒"型弹道导弹，射程10500km，威慑力非常强大。

英国在美国的帮助下，有4艘"前卫"级弹道导弹核潜艇，装有16枚"三叉戟"-II型导弹；法国通过自主研发，目前有4艘"凯旋"级弹道导弹核潜艇在役。英、法两国当前虽然国力有限，但仍时刻保持有一艘弹道导弹核潜艇在大洋巡航，以确保其可靠的核威慑能力。

3. 巡航导弹核动力潜艇

俄罗斯为了对付美国的航母战斗群，专门研制了巡航导弹核潜艇，现在有8艘"奥斯卡"-II级巡航导弹核潜艇在役，水下排水量13400t，双堆、双轴双桨布置，水下最大航速28kn，装备有24枚射程达550km的反舰导弹，对航母编队极具杀伤力，被称为"航母杀手"。

美国从 2002 年至 2010 年，先后改装了 4 艘"俄亥俄"级战略导弹核潜艇，每艘潜艇上 24 个"三叉戟"弹道导弹发射管中有 22 个被改装成舰载垂直发射系统，每个系统均为包含 7 枚战斧巡航导弹的发射簇，能够在 6min 之内发射完毕。每艘潜艇最多能够携带 154 枚战斧巡航导弹，相当于一个水面战斗集群的标准配备。

4. 核动力水面舰艇

核动力除了应用于潜艇外，还有航空母舰、巡洋舰、驱逐舰、破冰船等大中型水面舰艇采用核动力推进，与常规动力水面舰艇相比，核动力水面舰艇具有更优越的战术机动性能和独立的活动能力，能长时间高速航行。

1964 年，美国的核动力航空母舰"企业"号、核动力导弹巡洋舰"长滩"号和核动力导弹驱逐舰"班布里奇"号在没有后勤支援的情况下，环球航行了 3 万 n mile，展示了核动力在远洋航行中的巨大优越性。目前，美国所有的航空母舰都采用了核动力推进，最新的核动力航母为"福特"级，采用双堆双机布置，单堆额定功率为 600MW。

1.2 核技术的发展及应用

核技术是利用各类射线与物质相互作用而产生的物理、化学或生物效应来为人类服务的技术，属于新兴的交叉学科。根据射线产生的途径，放射源主要包括各种粒子加速器、放射性同位素和核反应堆；放出的射线包括 X 射线、β射线、γ射线、中子和带电粒子。

1910 年，人们首次提出了同位素概念，首次实现用 X 射线照相开展无损检验，开启了核技术应用的先河；1923 年，首次采用放射性示踪开展生物学相关研究；1936 年，活化分析技术首次得到了实践应用；1947 年，人们首次通过放射性核素 ^{14}C 含量的测定来判断考古挖掘物品的年代；1948 年，首次利用放射性碘定位用于人类脑部肿瘤手术；1950 年，第一批通过辐射育种的品种得到应用；1963 年，头颅放射性同位素断层扫描机研制成功；1972 年，第一台头部 CT 试制成功；1983 年，第一台工业断层扫描器在美国问世。2004 年，日本在世界上首次成功开发出了直径 5mm、长约 2cm 的微型 X 射线源。该机器带有内窥镜，可用于医学照射、探测。2012 年，光子放射治疗癌症方面取得重要进步，可以对肿瘤提供精确剂量的照射，同时最大程度减少对周边正常组织的损害。随着时代的发展，核技术的内涵和应用领域还在不断拓展，核技术已极大地改变着人们的生活，成为造福人类的重要技术。

根据技术应用特征，核技术应用主要包括核分析技术，如加速器质谱分析、中子活化分析等；核成像技术，如工业CT、医用的PET/CT；放射性药物，包括诊断与治疗药物和放射免疫分析药物；辐射加工技术，包括材料改性、辐射育种、灭菌消毒、半导体加工等；辐射检测技术，如利用辐射检测机理开发的厚度计、密度计、料位计、成分分析仪、火灾报警器、泄漏检测仪、核子秤、探伤仪、油井探测仪等；放射性示踪技术，包含光合作用机理等。

从应用的领域看，核技术应用涵盖农业、工业、医学、基础科学研究等领域，形成多个交叉学科，如核天体物理、核生物学、核地学、核考古学等。

1.2.1 核技术在农业领域的应用

截至目前，核技术在农业领域已经广泛应用于辐照育种、食品灭菌、食品保鲜、病虫害防治、低剂量辐照增产、农用同位素示踪和核分析等多个方面。

（1）辐照育种。实践表明，相对于传统的育种方法，辐照育种的突变率比自然变异率高100～1000倍，且实现方法简便，育种周期短，现已广泛用于多种农作物的种子改良。其主要是利用中子、离子束、γ射线等辐射，引起生物体遗传器官的某些变异，从而达到高产、早熟、增强抗病能力、改善营养品质的目的；同时还可以改变农作物的孕性，使自交不孕植株变为自交可孕的变异植株。

（2）食品辐照储藏与保鲜。粮食、果蔬、肉食在制作、运输、储存与销售过程中，都会因病虫害侵蚀、腐败、霉烂、高温发芽等而变质。据统计，由此引起的损失约占总量的20%～30%。而通过辐射照射可以起到抑制发芽、杀菌、杀灭害虫和保鲜的效果；且食品辐照不需化学添加剂，不存在化学保存方法所带来的残留毒性；辐照处理过的食品在密封条件下几乎可无限期保存。

由于杀菌效果好，辐照食品作为无菌食品特别适用于航天员、野外作业人员，以及特护病人的特殊食用要求。同时，相对于其他食品储藏与保鲜方式，辐射加工属于冷加工技术，能够节约能源，保持原有的色香味。且加工过程穿透力强，适合批量作业。辐照食品安全卫生、操作简便，易于实现自动化，因此得到了广泛的应用。

（3）病虫害防治。实践表明，在一定的电离辐射作用下，昆虫会丧失繁衍能力,通过对昆虫进行一定剂量的照射导致其不育就可有效防治病虫害。现在全世界已有几十个国家对上百种害虫进行了辐射不育研究。例如,可以采用辐照处理使果蝇不育,然后放飞到大田,使果蝇无法繁衍后代而绝种。根据国际原子能机构统计,此项技术每年带来的经济效益可达数十亿美元。

(4) 低剂量辐照增产。实践发现,一定剂量的辐射可促进生物体的生长发育,这种现象称为辐射刺激生长作用。一些作物的种子、鱼卵和蚕蛹经辐照处理后,可具有早熟、抗病、增产等特点,运用这一核辐射技术可在相同的栽培或饲养条件下达到优质高产的目的。

(5) 人们还利用同位素示踪与核分析技术开展农作物生产过程的微肥与微施技术研究、光合作用与固氮机理研究、植物营养代谢及肥效研究、农业生物工程研究等。

1.2.2 核技术在工业、环保领域的应用

除在农业领域的应用外,核技术还广泛应用于辐射加工、安全检测、无损探伤等多个工业领域。

1. 辐射加工

辐射加工技术是利用电离辐射与物质相互作用产生的物理学、化学和生物学效应,对物质和材料进行加工处理的一种核技术,通过辐射加工可以生产出传统方法无法生产的新材料。物质生产的辐射效应主要包括交联、聚合、接枝、降解。

通过辐射交联所生产出的电线线缆,其具有良好的耐热、耐油和耐燃性能。辐射聚合可用于生产防弹玻璃用的酯材料,各类增稠剂、减阻剂、分散剂的胺类材料等。辐照接枝可用于生产离子交换膜和应用生物医学工程。目前人们还在通过研究辐射加工技术不断研发新的材料或提升材料性能,如人造皮肤、隐形眼镜(辐射交联水凝胶)、涂层表面固化、超级吸水材料等。

2. 安全检测

人们利用射线与物质作用时的透射 RGA(共振伽马吸收),散射 RGS(共振伽马散射)以及荧光能谱分析等技术,研究建立快速分辨、检测各种汽油、炸药、液体爆炸物以及毒品等有害物体的方法手段。如现在广泛应用在机场、码头、车站的射线实时成像安全检测系统,其通过工件的移动扫描,透射的射

线用高能阵列检测器通过图像重建技术实时成像,可以实现航空行李包或集装箱不开封的实时检测,大大提高了安检的效率。

3．无损探伤

研究发现,当射线照射到被检测的工件上时,透射过工件的射线在底片上会形成不同的感光特征,通过研究底片上的感光影像可以用来检查工件是否存在缺陷,以及存在什么样的缺陷,实现工业品的无损检测。现在无损检测技术已广泛应用于大型高压容器、主轴、铸件、锻件、航空、航天、火箭、导弹和核电站压力壳等的探伤。

4．同位素工业检测仪表

射线与物质相互作用时,会发生散射、吸收、使被测物电离或激发等现象,人们利用这些现象,研制开发了各种各样的核仪器仪表。主要有：强度测量型仪表,如料位计、密度计、核子秤、水分计、厚度计等；能谱型仪表,如探矿仪、核测井仪、中子活化分析仪、X射线荧光分析仪等；电离型仪表,如火焰报警器、静电消除器、电离真空计、放射性避雷针等。

目前,这些同位素仪表在各个工业领域已经得到了广泛的应用,国产拥有量已超过2万台,其在钢铁、煤炭等大中型企业的技术改造中发挥了重要作用。

5．石油核测井

利用中子与物质的相互作用,可以辅助石油勘探过程,是石油勘探工作者伸向地层深处的眼睛。

6．环保领域应用

核辐射技术作为治理环境污染、评价环境质量的高新技术,近年来也取得长足进展。国际原子能机构（IAEA）、世界卫生组织（WHO）、联合国环境发展计划署（UNEP）等组织了众多的全球合作项目,旨在环境研究中利用各种核辐射技术。利用辐射处理污泥、废水、废气,可以有效地防治酸雨等环境污染。

核辐射技术处理"三废"与传统方法相比,具有效率高、可变废为宝、操作简便等优点,受到各国政府和科学团体的青睐,目前正由小规模试验过渡到中试或半生产规模工程示范,并已积累了丰富经验和大量数据资料。另外,利用核辐射技术,人们正在不断建设完善区域和全球性环境质量监测系统,为环境治理提供基础的监测数据。

1.2.3 核技术在医学领域的应用

从字面看，核医学=核技术+医学。它是核技术、电子技术、计算机技术、化学、物理和生物学等现代科学技术与医学相结合的产物；也是利用核技术来实现疾病的诊断、治疗和研究的新兴科学。

核医学诊断主要是通过核技术应用，无创伤显示机体内不同器官组织的形态结构，分析组织的生理、代谢变化，来判断器官组织的功能是否正常。核医学治疗是利用射线对生物的辐射效应，来治疗恶性肿瘤、内分泌疾病、血液病、冠心病等疾病，获得其他治疗手段无法企及的治疗目标。

从应用的领域看，核医学主要包括核医学成像、放射性药物、放射性治疗、医疗器械的灭菌消毒等。

1. 核医学成像

核医学成像技术是现代医学诊断的重要手段之一，获得了非常广泛的应用，它通过测量人体内的放射性浓度分布特征，从而实现对人体组织的功能成像，来判断人体器官的状态。

例如，广为熟悉的 PETCT 装置，就是利用发射正电子的核素标记一些生理需要的化合物或代谢底物，如葡萄糖、脂肪酸、氨基酸、水等。这些发射正电子的核素进入体内后，应用正电子扫描就可获得体内化学影像，也称为"活体生化显像"。目前广泛用于肿瘤、冠心病和脑部疾病的诊断和指导治疗。该方法可以无创伤性地、动态地定量评价活体组织或器官在生理状态下及疾病过程中细胞代谢活动的生理、生化改变，获得分子水平信息，这是目前其他方法难以实现的。

2. 放射性药物

放射性药物是指含有放射性核素供医学诊断和治疗用的一类特殊药物，主要包括体内和体外两种，体内药物主要用于诊断治疗，体外药物主要用于放射免疫分析和受体放射分析。

例如，目前大量开发的具有"生物导弹"之称的各类免疫导向药物，其通过单克隆抗体与药物或放射性同位素配合，利用单克隆抗体的自动导向功能在生物体内与特定目标细胞结合，可准确瞄准和捕获靶核细胞，准确用于疑难疾病的诊断和治疗，如 ^{99}Tc 广泛用于心血管显像剂、脑显像剂。人们还有利用 ^{131}I 的放射性特点，研制出放射性治疗药物 NaI 用于治疗甲亢；美国还利用 ^{89}Sr 的放射性特点，研制出 $SrCl_2$ 溶液，用于治疗骨肿瘤和缓解骨转移灶疼痛。

当前，世界市场上用于诊断的放射性药剂约有 100 多种，美国市场销售额高达上百亿美元；我国核治疗药剂也有几十亿美元的规模。

3．放射性治疗（γ刀、质子刀、中子刀）

放射性治疗简称放疗，是利用各种射线治疗恶性肿瘤的一种局部治疗技术，也是目前治疗恶性肿瘤的重要方法之一。其主要是利用射线对靶物质分子的直接或间接作用达到破坏肿瘤细胞的目的。根据射线的类型，获得广泛应用的有γ刀、质子刀、X射线治疗机等。

当前，随着计算机技术和医学影像技术的发展，人们将放疗专用螺旋CT、激光定位系统和三维治疗计划系统通过网络相连接，形成了集影像诊断、肿瘤定位、剂量计算和治疗计划为一体的三维 CT 模拟定位机，从而实现肿瘤放射性治疗的"精确定位、精确计划、精确治疗"的"三精"目标。

4．医疗器械的灭菌消毒

做好医疗器具的灭菌消毒，是切断病原体传播途径、防止交叉感染的重要手段。例如，因医疗器具的交叉感染，过去日本曾是肝炎的高发地区，但自从采用一次性医疗器械辐照消毒灭菌技术后，基本上消灭了因就医导致的肝炎交叉感染，肝炎患者大为减少。

医院早期常用常规化学熏蒸法灭菌，该方法具有强致癌效应且污染环境。欧共体及其贸易伙伴自 1991 年起就明文禁止在医疗保健行业用化学熏蒸法进行灭菌，美国从 2000 年开始停止使用化学消毒法；2015 年以后化学灭菌方法已被彻底从医疗用品消毒灭菌中排除，现在辐射灭菌已经成为医用器械消毒的主流。

除了前面所讲的应用外，核技术在核天体化学（如恐龙灭绝研究）、核生物学（如光合作用研究）、核考古学（如利用 ^{14}C 微量元素分析确定古物年代）、同位素电池（用于航天领域电源供应）、宝石着色技术（如将黄宝石转化蓝宝石）等领域还有着广泛的应用。随着时代的发展，核技术的应用还将进一步影响着人们的生活。

1.3　核能及核技术应用过程的核安全问题

与世界上其他工业技术一样，核能与核技术在造福人类的同时，也隐含着潜在的安全风险，特别是核与辐射安全风险（有时统称为核安全风险），如果风险失控就可能酿成巨大的灾难。那么核能与核技术存在哪些潜在的核安全风险呢？其中，有意外过量照射可能导致人体损伤甚至死亡的风险、有核事故造成财产损失的风险、有核废物长期对人体和环境存在潜在安全影响的风险、有核战争造成的大量人员伤亡和生存环境极大破坏的风险、有核材料被盗后被用于不良企图的风险等；也有因意外核事故引发社会安全稳定的风险。从风险的本质因素看，这些风险可以归结为放射性辐射的危害和核材料失控使用；从人身安全角度来看，放射性辐射危害是核安全中最普通和最重要的风险。

狭义上的核安全是指核装备与核设施在其设计、建造、运行、维修及退役期间为保护公众及环境免受可能的放射性伤害而采取的所有措施的总和，这些措施应可确保核设施的正常运行、预防事故的发生、限制可能的事故后果。措施涉及国家政策、法规标准、装备技术、人员、组织管理等多方面内容。广义上的核安全包括了核材料管控、防范核恐怖主义等更广泛的内容。本书重点介绍狭义上的核安全。

核安全是一种过程行为，而不仅仅将其作为一种结果，更不应当作口号。确保核安全，准确地说是为了核装备与核设施保持安全状态、实现核安全目标而确保各种防护措施得以有效实现。这些措施贯穿了核装备、核设施的设计、建造、运行、维修、退役的全寿期，并在核事故的预防、监测、保护、缓解、应急等各个层次得以体现。最终的安全状态是靠这些措施的落实才能得以实现，核安全状态也是正确措施的必然结果。

为了防范应对核事故风险，需要充分理解核能释放的机理，认清核事故下辐射危害的严重后果，掌握辐射防护基本方法；了解核装备、核设施的事故响应过程及可能危害，掌握事故防范的基本原则，学习并践行核安全文化的内涵要求。

思 考 题

1. 为什么说核聚变反应释放出的能量要比核裂变反应大得多？为什么可控核聚变难于实现？

2. 原子弹用的核材料和反应堆的核燃料有何不同，反应堆会发生像原子弹那样的爆炸吗？

3. 什么叫核反应堆？试以压水堆为例说出它的主要组成？
4. 核技术应用的基本原理是什么？
5. 试分析舰艇核动力的优越性和其存在的特殊要求。
6. 攻击型和导弹型核潜艇有哪些差别？
7. 核动力航空母舰为什么要有多套核反应推进器？
8. 核技术在农业领域有哪些具体应用？
9. 核技术在工业领域有哪些具体应用？
10. 核技术在医学领域有哪些具体应用？
11. 什么是核安全？核技术应用过程中有哪些安全风险？
12. 试分析压水型反应堆潜在的核安全风险。

第 2 章　核能的来源及释放机理

上一章探讨了核能及核技术的应用，本章将介绍原子核的组成、质量、大小等基本物理特性，原子核间转换的途径，中子与原子核的相互反应特性以及稳定释放核能的方法机理等内容。

2.1　核能的来源

2.1.1　原子核的基本特性

随着认知能力的提升，人们逐渐了解到原子核并不是组成物质的最小单元，原子核是由质子（proton）和中子组成，质子和中子统称为核子。质子数一般用 Z 表示，中子数用 N 表示，核子数用 A 表示，这样 $N+Z=A$。质子和中子的质量都近似等于一个基本的原子质量，原子核的质量就近似表示为 A 个基本原子质量。

质子是稳定的（其半衰期 $T_{1/2}$，即原子核数量衰变到原来一半所需要的时间约为 10^{30} 年），自然界有大量的自由质子存在；但自由中子（free neutron）是不稳定的，其半衰期 $T_{1/2}$ 约为 10.6min，中子会衰变成质子+电子+反中微子。但在核能利用过程中，由于中子存活的时间都很短，可以不考虑自由中子的衰减。

原子核特征常用符号 $^{A}_{Z}X$ 表示，对于质子数相同、核子数不同的核素，称为同位素（Z 同，A 不同），同位素的化学性质相同，物理性质不同，它们的核物理特性差异更大。原子核近似呈球形，一般用核电荷分布的半径、核内核分布的半径、核内核子分布的半径、原子核核力的作用范围来表征原子核半径，无论哪种方式，其大小均可近似表示为：$R = r_0 A^{1/3}$，其中：A 为质量数，r_0 的值在（1.1～1.5）×10⁻¹⁵m 范围内。原子的半径约在 10^{-10}m 左右，因此原子核半径约为原子半径的 10 万分之一。

根据圆球的体积表达公式，原子核体积可以近似表达为 $V = \frac{4}{3}\pi R^3 = \frac{4}{3}\pi r_0^3 A$。

从上式可以看出，原子核体积 V 与 A 成正比例，原子核质量与 A 也近似成正比例，由此得出：在一切原子核中，原子核的物质密度是一个常数。

单位体积内含有原子核的个数，称为核密度，核密度大小表征着单位体积内原子核个数的多少，由于一个原子只含有一个原子核，所以可以通过计算单位体积内含有多少个原子来计算核密度。

2.1.2 原子核的结合能

原子核很小，但其内部蕴藏着巨大的能量，那这些能量是怎么产生的呢？怎样才能加以利用呢？

实验表明，Z 个质子和（$A-Z$）个中子结合而成的核 $^A_Z X$，其原子核的质量 M 总比 Z 个质子及（$A-Z$）个中子的质量之和要小。令其质量差为

$$\Delta M = ZM_p + (A-Z)M_n - M \tag{2.1}$$

则恒有 $\Delta M > 0$，该差值 ΔM 称为该原子核的质量亏损。

忽略核外电子的结合能和电子的质量，原子核的质量 M 也可以用中性原子的质量 M_A 来表示。式（2.1）可改写为

$$\Delta M \approx ZM_H + (A-Z)M_n - M_A \tag{2.2}$$

利用上式，即可相当精确地通过中性原子质量 M_A，计算相应原子核的质量亏损。根据爱因斯坦（A. Einstein）提出的著名质能关系式：

$$E = Mc^2 \tag{2.3}$$

则 $\Delta E = \Delta Mc^2$ 就是用能量表示某原子核的质量亏损值。E 等于各核子从彼此相距无限远处，互相靠拢形成一个核时所放出的能量。反之，要把原子核中所有核子完全分开，就需提供这么多的能量。这个能量称为该原子核的结合能。结合能是我们开发利用核能的源泉。

$$\Delta E = [ZM_p + (A-Z)M_n - M]c^2 \tag{2.4}$$

或
$$\Delta E \approx [ZM_H + (A-Z)M_n - M_A]c^2 \tag{2.5}$$

大量实验表明上述结论是正确的,也证明了质能方程的正确性。

这样根据上述方程,可以计算出 1g 质量亏损对应的能量值。

$$E = 10^{-3} \times (2.99792458 \times 10^8)^2$$
$$= 8.98755 \times 10^{13} \text{J}$$

而一个热功率为 1000MW 的反应堆一天所产生的能量为:

$$E = 1000 \times 10^6 \times 24 \times 3600$$
$$= 8.64 \times 10^{13} \text{J}$$

所以,1g 的质量亏损产生的能量将比一个 1000MW 的反应堆一天所产生的能量还多,可见核能的量值非常可观。但实际上由于原子核转换过程的质量亏损很小,一般用原子质量单位(u)表示,通过计算可知,1u 质量亏损所对应的能量约为 931.5MeV:

$$1\text{u} = 1.6605655 \times 10^{-27} \text{kg} = 931.5 \text{MeV/c}^2$$

2.2 核能释放的途径

从原子核结合能的概念知道,如果把自由的中子与质子结合成原子核,可以放出核能,但自然界中没有自由的中子,无法直接用这种方法释放核能。怎么才能实现核能的释放呢?试验发现,把不同原子核分裂为自由核子时,平均每个核子所需要的功并不相同,可以用结合能除以质量数表示,也称为比结合能,如式(2.6)。它的大小可以用来表征原子核结合的松紧程度,比结合能越大,原子核结合得越紧密,分成自由核子时需要做的功也就越大,结合时放出的能量也越大。

$$f = \frac{\Delta E}{A} \tag{2.6}$$

根据不同原子核比结合能大小,比结合能随质量数变化的曲线如图 2.1 所示。

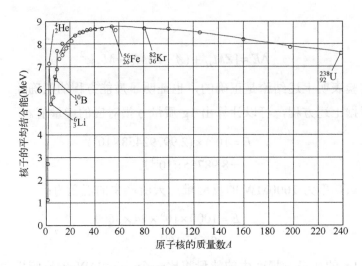

图 2.1 比结合能随原子核质量数的变化曲线

从曲线可知,比结合能先随质量数 A 增加很快,从 A 为 50~60 开始,曲线随之下降,且相对比较平稳;在 A 为 40~120,比结合能基本上为一个常数,约等于 8.5MeV;在 $A>120$ 后,又逐渐下降到 7.5MeV 左右。同时也可以看到,在曲线上有若干个质量数 A 较小的核素,它们的比结合能远高于光滑曲线值,从而出现一系列的极大值,这些核结合得非常紧密,其中子数 N 和质子数 Z 皆为偶数,这种核也称"幻核"。

根据比结合能曲线,如果能通过做功把比结合能较小的原子核分裂成自由核子,然后再组合成比结合能较大的原子核时,就可以释放出更多能量,最终就可以获得能量。例如,^{235}U 比结合能为 7.59MeV,把 ^{235}U 分成自由核子需要提供 235×7.59=1783.65MeV 的能量,而 $A=117$ 和 118 核的比结合能约为 8.51MeV,这样如果 235 个自由核子能结合为 117 号、118 号原子核时,则将放出(118+117)×8.51=1999.85MeV 的能量。在这整个过程人们就可以获得 235×(8.51-7.59)=216MeV 的能量。

这就是重核裂变放能反应,但如何实现 ^{235}U 原子核的分裂呢?试验发现,^{235}U 核本身存在自发裂变现象,但概率很低;如果用中子撞击 ^{235}U,可以大大提高其裂变的概率。这是人们利用核能的一种重要形式,简称核裂变。同时研究还发现 ^{2}H、^{4}He 的比结合能分别为 1.11MeV、7.07MeV,如果把两个 ^{2}H 都分裂成自由的核子,然后再聚合时如果能形成 ^{4}He,则整个过程可以放出能量为 7.07×4-1.11×4=23.84MeV。以上过程称为核聚变放能反应,简称核聚变,这是人们利用核能的另一种重要形式。

裂变过程每个核子平均放出 216/235=0.9MeV 的能量，而聚变过程平均每个核子放出 23.84/4=6MeV 的能量。对比这两个过程平均每个核子所放出的能量，可以看出对于单位质量的核转换释放能量时，聚变所能释放的能量更大；但是聚变所需要的条件也非常苛刻，目前人们还没有实现聚变能的和平利用。

2.3 原子核间的转换

前面介绍了两种释放能量的原子核变换过程——核裂变和核聚变，实质上原子核间转换的方式有很多种，宏观上可分为原子核的自发衰变和广义的核反应。

1. 原子核的自发衰变

试验表明，原子序数大于等于 84（Po）的元素没有稳定的同位素，都会自发衰变。

1）核衰变的类型

根据放出的射线不同，可以将原子核衰变的类型分为 α 衰变、β 衰变和 γ 衰变。不同类型的射线因其质量和能量差异导致其与物质相互作用具有较大差异，α 射线带有两个正电荷，且质量数较大，比较容易与物质发生相互作用，用一张纸就能将其屏蔽，β 射线则需要用薄薄的铝片来屏蔽，而对 γ 衰变却需要用铅或厚厚的混凝土墙来屏蔽，对于中子一般需要用水、硼或聚乙烯材料，不同类型射线的防护示意图如图 2.2 所示。在实践过程中，需要根据不同的射线特点，制定最佳的辐射防护方案。

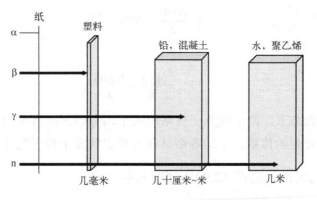

图 2.2 不同类型射线的防护示意图

2）核衰变的规律

实验表明，原子核的放射性衰变满足统计规律；对于单个原子核，发生衰变的时刻并不确定，但大量同类原子核在某一小段时间间隔内发生衰变的百分比是确定的。

令某核素一个原子核在单位时间间隔内衰变的概率为λ，则无论α衰变或β衰变，相应的λ都是一个确定的常数，并且只与核本身的特性有关，与影响核外电子性质的化学、物理条件如温度、压力、电磁场等因素皆无关，这个λ称为衰变常数（decay constant）。根据定义，λ即表示衰变原子核核子数的相对变化率，由于是不断的衰减，因此表达式前面有个负号，为

$$\lambda = -\frac{1}{N}\frac{dN}{dt} \tag{2.7}$$

设 $t=0$ 时有 $N(0)$ 个相同的放射性原子核，到 t 时刻未发生衰变反应的原子核还有 $N(t)$ 个，则按衰变常数 λ 的物理意义，在 $t \to t+dt$ 间隔内，平均衰变的原子核个数有 $\lambda N(t)dt$ 个。故 t 时刻末因衰变而减少的原子核数目 $-dN(t)$ 应为

$$-dN(t) = \lambda N(t)dt \tag{2.8}$$

考虑到 λ 为常数，积分后即有：

$$N(t) = N(0)e^{-\lambda t} \tag{2.9}$$

这就是核衰变过程所遵循的指数衰减规律。

原子核衰变一半所需的平均时间 $T_{1/2}$ 称为半衰期。它从统计平均的角度反映了放射性原子核衰变快慢的程度。按定义，$t=T_{1/2}$ 时 $N(t) = N(0)/2$，故由式（2.9），有：

$$\frac{N(0)}{2} = N(0)e^{-\lambda T_{1/2}} \tag{2.10}$$

从而

$$T_{1/2} = \frac{\ln 2}{\lambda} = \frac{0.693}{\lambda} \tag{2.11}$$

在某特定状态下，原子或原子核系统的平均存活时间被称为平均寿命。对于按指数规律衰变的体系，平均寿命是在该特定状态下原子数或核数减少到原来的 1/e 的平均时间；由式（2.9）可得 $\bar{t} = \frac{1}{\lambda}$。

一定量的放射性核素在单位时间间隔内发生核衰变的数量被称为（放射性）

活度，单位为贝可（勒尔），Bq。除满足统计规律外，在原子核衰减过程还满足核子数守恒和电荷数守恒。

2．核反应（nuclear reaction）

从广义上讲，核反应是粒子（包括原子核）与原子核碰撞导致原子核的质量、电荷或能量状态改变的统称。粒子 a 轰击靶核 x 生成新核 y 和新的粒子 b 的核反应过程可以表示为：$a+x \rightarrow y+b$ 或 $x(a,b)y$；历史上第一次人为的核反应是用 $^{4}_{2}H$ 粒子轰击 $^{14}_{7}N$，$^{4}_{2}He + ^{14}_{7}N \rightarrow ^{17}_{8}O + ^{1}_{1}H$。研究表明，核反应过程核子数、电荷数、动量、角动量与能量都满足守恒规律。

核反应堆在发生反应的过程中，诸粒子动能的改变量 Q 称为反应能，或简称 Q 能，它等于反应前后诸粒子静止能量之差。对于 $a+x \rightarrow y+b$ 核反应，设 M_a, M_b, M_x, M_y 分别为各粒子的静止质量，由质能方程知它们的静止能量分别为：$M_a c^2, M_b c^2, M_x c^2, M_y c^2$，假设它们的动能分别为 E_a, E_b, E_x, E_y，根据能量守恒定律，则有：

$$M_a c^2 + E_a + M_x c^2 + E_x = M_y c^2 + E_b + M_b c^2 + E_y$$

核反应过程中，可以近似认为靶核 x 的动能为零，即 $E_x=0$，则有：

$$Q = [(M_a + M_x) - (M_y + M_b)]c^2 = E_b + E_y - E_a \tag{2.12}$$

从式（2.12）可以看出，如果核反应过程的静止质量减少，则反应后总动能增加，反应能 $Q>0$，这种反应称为放能核反应；如果反应物的静止质量增加，总动能则减少，$Q<0$，这种反应称为吸能核反应。

2.4 中子与原子核的相互作用

由于中子不带电，在与物质相互作用时，可以不用考虑库仑斥力的作用，因此"中子"成了撞击原子核、诱发核反应、探索原子核内部奥秘的最佳探针。裂变能的应用也主要是通过中子诱发原子核分裂来实现的，为此，在研究中子与重核的裂变反应前，需要先搞清楚中子的产生过程、中子与原子核相互作用的类型、中子与原子核相互作用的影响因素及定量描述方法。

2.4.1 产生中子的反应

1.（α,n）反应

试验表明，用 α 粒子轰击某些轻原子核时，如：^{7}Li、^{9}Be、^{11}B、^{19}F，可以得到能量为 1MeV 到 13MeV 的中子，如：^{4}He+^{9}Be→^{12}C+^{1}n。据此，人们利用 ^{210}Po、^{222}Rn 或 ^{226}Ra 等会发生 α 衰变的原子核与 Be、Li、F 或 B 等轻元素联合制成中子源。这样钋 ^{210}Po、^{222}Rn 或 ^{226}Ra 等核会不断发射出 α 粒子，α 粒子轰击这些轻原子核就可产生中子。

这种中子源在反应堆启动时，常用来克服仪表的盲区，确保在反应堆裂变中子较少时掌握堆芯临界特性，也常用来作为核武器引爆时的外中子源。但这种中子源会随着 α 粒子发射体的衰减而不断减弱，当 α 粒子发射体衰减得很小时，产生的中子数也就很少了，因此常称为一次中子源；常见的一次中子源主要有 Ra-Be 源和 Po-Be 源。^{226}Ra 的半衰期为 1620 年，所以 Ra-Be 源相对稳定，寿命很长。^{210}Po 的半衰期不到 140 天，其源强会随着 ^{210}Po 核的衰减而减弱，每经过一个 140 天，源强就变为了原来的一半。这样经过 4 个半衰期后，源强就仅为原来的 6.25%了，所以这种中子源一般是使用前才制备的。

2.（γ,n）反应

试验表明，用 γ 射线照射某些原子核也可产生中子，称为光激中子。如：γ+^{9}Be→^{8}Be+^{1}n；γ+^{2}H→p+^{1}n。其中核素 ^{24}Na、^{56}Mn、^{72}Ga、^{116}In、^{124}Sb 可以自发衰变产生 γ 射线，用这些核素与 ^{9}Be 联合就可以制作光激中子源。

例如 ^{24}Na+Be 中子源，^{24}Na 的半衰期为 14.8h，所产生的中子平均能量为 0.83±0.040MeV。当 1 居里 ^{24}Na 距离 1g Be 1cm 远时，其中子发射率约为 1.3×10^5 个／s；又如 ^{124}Sb+Be 中子源，^{124}Sb 的半衰期为 60 天，可以产生平均能量为 0.03MeV 的中子。但由于 ^{124}Sb 的半衰期较短，在反应堆的实际应用中一般是将 ^{123}Sb 与 Be 放在一起制作中子源，^{123}Sb 在反应堆内经过中子照射后可以变为 ^{124}Sb，这样 ^{124}Sb 在 β 衰变时放出 γ 射线，该 γ 射线被 Be 吸收后可产生中子。这种中子源衰减后，还可以放在堆芯受中子照射后再次使用，因此 Sb-Be 源也称为二次中子源。反应堆长期运行后，当一次中子源较弱时，就可以用二次中子源来克服启堆时的盲区。

3．(p,n) 和 (d,n) 反应

用质子或氘（^{2}H）轰击某些轻原子核，也可以产生中子，如用高速质子轰击 ^{11}B 可以获得 ^{11}C 和中子：$^{11}_{5}B(p,n)^{11}_{6}C$，用氘核轰击 ^{9}Be 可以产生 ^{10}B 和一个中子：$^{9}_{4}Be(d,n)^{10}_{5}B$。

但由于质子、^{2}H 核带电，在与核相互作用时需要库仑斥力的作用，因此需要用带电加速器将质子或 ^{2}H 加到非常高的速度，用这种方式产生的中子源也称加速器中子源。

4．(n,f) 反应

用中子轰击可裂变原子核（如 ^{235}U），使靶核分裂为两个中等质量的原子核，每次平均会放出 ν 个次级中子，如：$n+^{235}U \rightarrow F_1+F_2+\nu n$。裂变反应本身也是放出中子的反应，因此反应堆本身就是一个强中子源，称为反应堆中子源。

2.4.2 中子与核的反应

无论用哪种方式生成的中子，都具有非常高的动能，其在运动过程中可能与物质核发生多种相互作用方式。究竟发生何种类型的反应主要取决于入射中子的动能与靶核的性质。

1．中子的分类

根据中子动能大小的不同，人们常将中子分为快中子和热中子。快中子是指动能为 1eV 以上能量的中子；热中子是指动能为 1eV 以下的中子。根据研究问题的不同，也有一些更详细的划分方式，如将中子分为快中子、中能中子、慢中子、热中子。

2．核反应的分类

同一能量中子与原子核的核反应特性主要取决于核素的类型，不同同位素之间的核反应特性差异很大，为描述问题的方便，常按原子核的核子数大小将靶核简单分为轻核、中等质量核和重核。其中质量数 $1 \leqslant A < 25$ 的核称为轻核，$25 \leqslant A < 150$ 称为中等质量核，$A \geqslant 150$ 的核称为重核。

根据中子与靶核在反应过程中相互作用过程和产物的差异，核反应可以分为散射反应和吸收反应。如果中子在与有些物质核相互作用时，只是与原子核发生了能量交换，反应前后中子动能发生变化，这种相互作用被称为散射反应。

如果中子在与某些原子核相互作用时，作用后中子将不再作为自由粒子存在，这种核反应被称为吸收反应。

3．散射反应

散射反应又分弹性散射和非弹性散射两种，分别记做（n,n）、（n,n'）。

1）弹性散射

弹性散射过程总动能保持不变，满足动能守恒规律，其又可以分为共振弹性散射和势散射两种。

2）非弹性散射

非弹性散射是指动能发生改变的散射反应，非弹性散射过程总动能不守恒，反应过程伴随有γ射线产生。

$$_{z}^{A}X + _{0}^{1}n \rightarrow (_{z}^{A+1}X)^* \rightarrow (_{z}^{A}X)^* + _{0}^{1}n$$
$$\mapsto _{z}^{A}X + \gamma$$

非弹性散射反应对入射中子初始动能有门槛要求，即入射中子动能只有高于靶核第一激发态的能量才可能发生非弹性散射反应，因此具有阈能特点。一般轻核的激发态能量高，不易发生这种反应；而重核的激发态能量较低，相对容易发生这种反应，但对 ^{238}U 仍需中子动能达到 45keV 以上才能发生（n,n'）反应。

4．吸收反应

中子与原子核发生吸收反应时，原子核吸收中子后形成复合核，而复合核往往不稳定，会发生一系列变化，根据复合核的变化特征，吸收反应可细分为辐射俘获反应、放出带电粒子反应和裂变反应等。

1）辐射俘获

如果原子核吸收中子形成的复合核放出γ射线后回到基态，这种反应称为辐射俘获，也称（n,γ）反应。

$$_{z}^{A}X + _{0}^{1}n \rightarrow (_{z}^{A+1}X)^* \rightarrow _{z}^{A}X + \gamma$$

这种反应主要是低能中子与中等质量核或重核比较容易发生。例如 ^{238}U 吸收一个中子发生（n,γ）反应可以转换为 ^{239}Pu，^{232}Th 吸收一个中子发生（n,γ）反应可以转换为 ^{233}U。

2）放出带电粒子反应

如果原子核吸收中子形成的复合核放出带电粒子后回到基态，这种反应便称为放出带电粒子反应。(n,α)、(n,p) 均称为放出带电粒子核反应，$^A_Z X + ^1_0 n \rightarrow (^{A+1}_Z X)^* \rightarrow ^{A-3}_{Z-2} Y + ^4_2 He$。例如，在压水堆内作为冷却剂和慢化剂的水，其 ^{16}O 吸收中子会生成 ^{16}N 和质子，而 ^{16}N 不稳定，会衰变放出 β 和 γ，半衰期为 7.3s，因此作为压水堆冷却剂的水在反应堆运行过程中会有感生放射性。反应堆内常用作控制毒物的 ^{10}B 吸收中子后会生成 ^7Li 和 α 粒子，如 $^{10}_5 B + ^1_0 n \rightarrow ^7_3 Li + ^4_2 He$。

另外由于中子不带电，直接测量其中子密度值 n，即单位体积内的中子数存在困难，这样就可以利用上述核反应，通过放出带电粒子，将中子密度特征转换为电信号特征，从而实现便利测量。

3) 核裂变 (n,f) 反应

如果中子在撞击一个重原子核时，重核吸收中子后不稳定，可能直接分裂成两个碎片，在少数情况下，也可分裂成三个或四个碎片，通常还伴随着发射中子及 γ 射线，在少数情况下也发射带电粒子，这种反应称为裂变反应。

如果任意能量的中子都能使该重原子核分裂，则这种重原子核被称为易裂变核素，目前发现的易裂变核素主要有 ^{233}U、^{235}U、^{239}Pu、^{241}Pu，但只有核素 ^{235}U 天然存在，且其在天然铀中含量极低，约占 0.714%。另外，有些核素可以在较高能量中子的撞击下裂变，这些核素称为可裂变核素，如 ^{232}Th、^{238}U、^{240}Pu，其中 ^{232}Th 和 ^{238}U 在自然界大量存在。

实际上 ^{232}Th、^{238}U 和 ^{240}Pu 在俘获中子后能直接或间接地转变为易裂变核素，如 ^{238}U 吸收中子后发生 (n,γ) 反应可以生成 ^{239}U，^{239}U 经过一系列衰变就可以变为 ^{239}Pu，即：$^{238}U \xrightarrow{(n,\gamma)} {}^{239}U \xrightarrow[23\min]{\beta^-} {}^{239}Np \xrightarrow[2.3d]{\beta^-} {}^{239}Pu$，因此可裂变核也称为可转换核素。

易裂变核和可裂变核都称为核燃料，但目前在运行的反应堆主要消耗的是易裂变材料，为了提高核燃料的利用率，人们一直在想办法促进可裂变核转变为易裂变核，现在大力发展的快中子反应堆就可以大大提高核燃料利用率。

2.4.3 中子核反应的定量描述

原子核只占原子很小的一部分，中子比原子核还小，站在中子的角度看，世界绝大部分都是"空空荡荡"的。那么中子与原子核碰撞过程中到底有多大可能发生反应呢？下面将介绍如何定量描述中子与原子核所发生的核反应。

1. 中子束强度

中子与原子核相互作用的过程中，发生相互作用的次数将受到单位体积内中子个数及其运动特性的影响，为了定量描述中子与物质的原子核相互作用特性，人们把单位体积内所含的自由中子数称为中子密度，常用 n 表示，单位为 $1/m^3$。如果假设这些中子都具有单一速度 v（单位为 m/s），则单位时间内通过垂直于 v 方向的单位面积的中子数为 nv，也称为中子束强度，常用 I 表示，单位为 m^{-2}/s。中子束强度 I 分别与中子密度和中子速率成正比。

2. 微观截面

设有强度为 I 的单能中子束平行入射到一单位面积的薄靶上，该薄靶厚度为 Δx，靶物质单位体积内含原子核的个数（即核密度）为 N。试验表明，平行中子束经过薄靶后，无论中子与靶核发生散射反应导致中子运动方向改变，还是发生吸收反应消失，只要发生核反应，中子束强度就会减小，其变化量 ΔI 正比于入射中子束的强度 I、薄靶的厚度 Δx 及靶的核密度 N，比例系数常用 σ 表示，由于是强度减小的过程，公式右边有个负号。即

$$\Delta I = I' - I = -\sigma I N \Delta x \tag{2.13}$$

经过公式变换，得出：

$$\sigma = \frac{-\Delta I / I}{N \cdot \Delta x} \tag{2.14}$$

式中：$N\Delta x$ 表征目标薄靶单位面积 Δx 厚度的体积空间内所有靶原子核的个数，$\Delta I/I$ 表征中子束经过靶核后中子数减少的比例，也就是单个中子发生核反应的概率，因此比例系数 σ 就表征中子与核反应时，一个入射中子与一个靶核发生相互作用的平均概率。由于其单位的量纲是面积，形象地称 σ 为微观截面，单位是 m^2。由于微观截面的值特别的小，工程实践中也常用 b（靶恩）表示，$1b = 10^{-28} m^2$。

一般不同类型的核反应微观截面特征可以用不同的下标来表示，如 σ_e 表征微观弹性散射截面，σ_{in} 表征微观非弹性散射截面，σ_γ 表征微观辐射俘获反应截面，σ_f 表征微观裂变反应截面，$\sigma_{n,a}$ 表征放出带电粒子 a 的反应，σ_s 表征微观散射截面，σ_a 表征微观吸收截面，σ_t 表征微观总截面。根据核反应的分类，则有：微观散射截面 σ_s 等于微观弹性散射截面 σ_e 和微观非弹性散射截面 σ_{in} 之和，微观吸收截面 σ_a 等于微观裂变反应截面 σ_f 和微观辐射俘获反应截面 σ_γ 等

不同类型吸收反应截面之和，微观总截面 σ_t 等于微观散射截面 σ_s 和微观吸收截面 σ_a 之和。即

$$\begin{cases} \sigma_t = \sigma_s + \sigma_a \\ \sigma_s = \sigma_e + \sigma_{in} \\ \sigma_a = \sigma_\gamma + \sigma_f + \sigma_{n,a} + \cdots \end{cases}$$

有了微观截面概念之后，我们就可以根据核素微观截面值的大小，掌握不同核素的核反应特征。

3．宏观截面

假设中子束不是照在薄靶上，而是垂直入射到一定厚度的厚靶上，这样中子束强度随中子入射距离 x 将如何变化呢？为分析这个问题，现沿中子运动方向建立一维坐标，在厚度 x 处取一个 dx 的间隔，则在 dx 内，中子与靶核的相互作用可以看作薄靶，经过薄靶 dx 时，其单位面积上中子束强度的减少量为

$$dI(x) = -\sigma I(x) N dx \tag{2.15}$$

这样入射中子束在厚靶穿行过程中，其中子束的变化特征可根据初始条件通过积分处理得到：

$$I(x) = I_0 e^{-N\sigma x} \tag{2.16}$$

式中：N、σ 经常一起出现，现令 $\Sigma = N\sigma$，称其为宏观截面。

根据式（2.15），经过数学变换可以得出，$N\sigma = \dfrac{-dI(x)/I(x)}{dx}$，这样可以看出宏观截面就表征一个中子在介质中穿行时，每经过单位距离 dx 时与原子核发生核反应的平均概率，即

$$\Sigma = -\dfrac{dI/I}{dx} \tag{2.17}$$

其单位为长度的倒数，m^{-1}。

4．核反应率

根据宏观截面的定义，速率为 v 的单个中子单位时间内穿行的距离就为 v，这样其与单位体积内的原子核发生相互作用的次数应为 $v\Sigma$。实际上中子在与物质相互作用的过程中是杂乱无章的，与原子核发生相互作用的多少主要取决于其单位体积内所有中子在单位时间内所走过的路程之和。假设中子具有同样的速率，这样单位时间、单位体积内所有的自由中子走过的路程就为 nv。

令 $nv=\phi$，则单位时间、单位体积内所有的自由中子与原子核发生反应的总次数 R 就应该是：

$$R = nv\Sigma = nv\sigma N = \phi\Sigma \qquad (2.18)$$

R 也称核反应率，R 的单位是次$/(m^3 \cdot s)$。式中，ϕ 称为中子通量密度，其表征单位体积内所有中子在单位时间内所穿行的路程。因此，中子在介质中穿行时，单位时间、单位体积发生核反应的次数与中子穿行的路程成正比，与靶核密度成正比，比例系数为微观反应截面。对于不同类型的反应常用不同的下标表示，如吸收核反应率表示为 $R_a = nv\Sigma_a$。

5．微观截面随中子能量的变化规律

中子与原子核发生相互作用的微观截面值，主要取决于核素的类型和中子的能量大小。有些核素主要发生吸收反应，因此吸收截面较大，如 B-10、铪和氙-135、钐-149；有些核素主要发生散射反应，因此散射截面相对较大，如石墨、氢、氘、铍等。根据不同核素的核反应截面特性，在反应堆或核武器设计时，就可以基于不同需要选择不同的材料了，如堆内控制棒要选择中子吸收截面大的材料（^{10}B、铪）等；慢化剂材料要选择散射截面大的材料，如石墨、水、铍等。目前人们已经通过试验掌握了 200 多种核素与中子相互作用的截面特性，并总结出了微观截面随中子能量的变化规律。下面将根据核反应类型，阐述微观截面随中子能量的变化规律。

1）吸收反应

对于中子吸收核反应，一般在热能区也就是低能区，微观吸收截面值随中子速率的降低反而增加，满足 $1/v$ 律；在中能区某一特定能量值时会出现共振现象，截面值非常大，呈现一系列共振峰；在高能区截面值下降很快，并变得平滑，且绝对值很小，一般只有几个靶。

2）散射截面

（1）弹性散射。对于中子与核弹性散射反应，如果没有共振现象，则在低能区时，散射截面值基本为常数，一般为几个靶，对于重核，在中能区会出现共振弹性散射。

（2）非弹性散射。对于中子与核的非弹性散射，呈现明显的阈能特点，当中子动能低于阈能值时，非弹性散射不会发生，当超过阈能，非弹性散射截面会随中子动能增加而增加，即 $E\uparrow \to \sigma_{in}\uparrow$。^{235}U 所对应的阈能为 14keV，^{238}U 所对应的阈能为 45keV，^{239}Pu 所对应的阈能为 8keV，裂变生成的中子一般经过几次非弹性散射以后能量一般就小于了阈能值。

3）裂变截面

中子裂变反应是吸收反应的一种，裂变截面呈现了与吸收截面类似的规律。低能区满足 1/v 律，对于 ^{235}U，当中子动能为 0.0253eV 时，裂变截面为 581.3b；中能区存在一系列共振峰；高能区截面值很快平滑下降至很小，一般只有几个靶。由此可以看出，对于反应堆所用的易裂变材料 ^{235}U，低能区截面值比高能区大几十甚至上百倍。反应堆内裂变生成的中子动能较高，平均为 2MeV，因此需要降低中子的动能（达到热中子能区，1eV 以下），才容易与重核发生裂变反应，中子动能逐渐降低的过程称为中子的慢化。慢化过程主要靠散射反应，在热中子反应堆内，弹性散射对中子慢化起主要作用。反应堆常用的慢化剂材料有石墨、轻水、重水、Be 等，不同的慢化剂会导致反应堆有一些特有的性质。因此，有时常根据慢化剂类型对反应堆进行分类，如重水堆、轻水堆、石墨堆等。

^{235}U 裂变截面曲线如图 2.3 所示，从图 2.3 可以看出，中子被 ^{235}U 吸收时除发生裂变反应外，还会发生（n,γ）反应，实际上这两者是伴生的，其平均的比例关系称为俘获裂变比，即

$$\alpha = \frac{\sigma_\gamma}{\sigma_f} \tag{2.19}$$

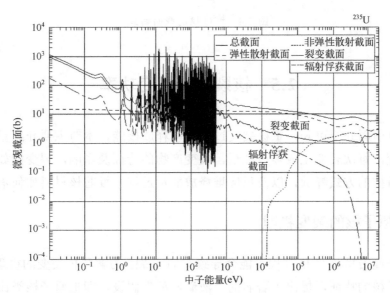

图 2.3　^{235}U 核的截面曲线

因此 ^{235}U 核平均每发生一次裂变，实际上因吸收而消失的 ^{235}U 核子数为 $1+\alpha$。

^{238}U 的微观截面曲线如图 2.4 所示，从图可以看出，中子能量低于某一值时，^{238}U 的微观裂变截面近似等于零，能量较高时其值也不大，只有几个靶，因此反应堆内的裂变主要靠的是 ^{235}U；也可以看出在中能区，其吸收截面值有一系列共振峰，共振吸收反应对反应堆临界有重要影响。

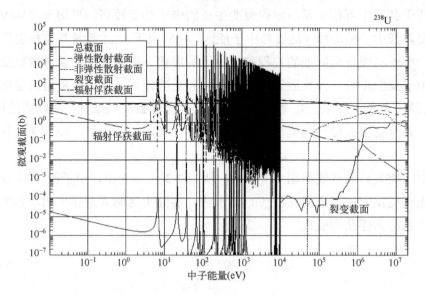

图 2.4　^{238}U 核的截面曲线

2.5　核裂变及裂变功率

通过前面介绍可知，重核裂变过程可以释放核能，本节主要介绍重核如何才能裂变，每次裂变生成多少能量，裂变产物的特征及影响，裂变能如何才能以稳定可控的方式释放，以及反应堆释放能量过程中堆芯核材料如何消耗。

2.5.1　原子核的裂变机理

中子撞击重核 ^{235}U 过程可能会导致 ^{235}U 分裂，为解释核裂变的机理，人们根据原子核的特征，提出了著名的"液滴模型"假设，即把原子核类比为液体的液滴。我们知道对于一个理想的球形液滴，一旦受到外力的作用后将会发生振动变形，并且会随受力的不断提升发生不同的变化。如图 2.5 所示，从初始状态 A，受外力作用后会变为类似 B 这样的椭球状，这时液滴会经过一系列振动然后回到状态 A；但如果施加外力较大，导致形变加大到形状 C，则液滴就无法回到 A 状态，一个液滴可能就会分裂成两个较小的液滴。

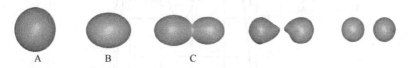

图 2.5　核裂变机理示意图

中子与原子核发生吸收反应，靶核俘获中子形成复合核时，中子的动能和该中子的结合能都将变为复合核的"激发能"，激发能使复合核经历一系列振动，过程类似液体受力，如果振动形变到形状 C 状态，复合核就会分裂为两个不同的核，达到复合核分裂所需要的最小能量称为核裂变的临界能。"液滴模型"形象解释了核裂变的机理，受到广泛的应用。

靶核吸收中子形成复合核分裂的过程中，除会生成两到三个碎片外，还会放出 2 到 3 个中子，并释放能量，如式（2.20）。后面将分别介绍裂变产物、裂变中子和裂变能特征。

$$^{A}_{Z}X + ^{1}_{0}n \rightarrow (^{A+1}_{Z}X)^{*} \rightarrow ^{A}_{Z_1}X + ^{A}_{Z_2}X + v^{1}_{0}n + Q \tag{2.20}$$

1. 裂变产物

中子诱发重核裂变过程的裂变方式有很多种，即使是同一能量中子诱发同样的核裂变，裂变方式也不相同，研究表明 ^{235}U 约有几十种裂变方式。每次裂变主要生成两个不同的碎片，这些碎片具有一定动能，同时这些碎片绝大多数都处于激发态，经过一系列的衰变变成稳定核，这些裂变碎片和它们的衰变产物都称为裂变产物，因此反应堆运行一段时间后堆芯会形成两三百种核素。

人们把裂变过程中某种碎片出现的概率称为裂变产额，根据统计结果绘制了裂变产额随质量数变化的曲线，如图 2.6 所示。从图可以看出，产额曲线近似为非对称马鞍形，不同能量的入射中子其产额曲线不同，碎片质量相当的核（如质量数为 117、118）裂变产额小，而质量非对称的裂变产额相对较大。就裂变产额而言，其统计曲线与引起裂变的中子能量有关，不同种类的裂变核差别不大。

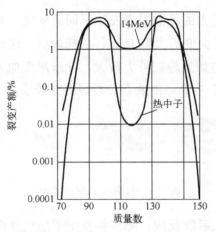

图 2.6 ^{235}U 核裂变碎片的质量—产额曲线

随着反应堆的运行，这些累积的裂变产物中的有些核素，如：^{135}Xe、^{149}Sm 具有比较大的中子吸收截面，由于这些核素吸收中子不能形成裂变，对中子的应用不利，形象地把这些核素称为毒素。另外，这些裂变产物中绝大多数核素会衰变生成 β、γ 射线，反应堆一旦运行起来释放能量，堆芯就变成了一个大的放射源，设计时必须设置放射性屏障以防止这些放射性产物失控排放，影响人员和环境安全；同时这些裂变产物还会产生衰变热，部分核素半衰期很长，导致反应堆停堆很长时间后还需要考虑堆芯的冷却，对反应堆安全保障带来非常大的麻烦。

2. 裂变中子

裂变过程中产生的中子统称为裂变中子，假设一次裂变产生 ν 个中子，ν 主要取决于裂变核的类型和诱发裂变的入射中子能量，大量裂变的统计结果表明，ν 与入射中子能量成正比：对于 ^{235}U，$\nu(E) = 2.414+0.133E$；对于 ^{239}Pu，$\nu(E) = 2.862+0.135E$。从而可以看出，同样的入射中子 ^{239}Pu，每次裂变释放的中子数要比 ^{235}U 大，后面将会介绍到用 Pu 做核燃料的系统比用 U 更容易临界，也就是用更少的核燃料就可以使系统达到临界状态。

按裂变中子产生的时间和方式的不同，可以将其分为瞬发中子和缓发中子。瞬发中子是指随着裂变产生而没有可测延迟的中子（10^{-14}s 内释放），这部分中子平均数与每次裂变产生的全部中子平均数之比，即瞬发中子份额，其值>99%，也就是说裂变中子中瞬发中子占据绝大多数。生成的中子能量从 0 可以到十几兆电子伏以上，具有很宽泛的范围，近似成连续分布。图 2.7 为 ^{235}U 瞬发中子能谱图，$\chi(E)dE$ 表征 E 与 $E+dE$ 之间的裂变中子份额，根据其分布曲线可以求出其平均能量，约为 2MeV。

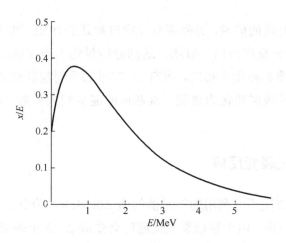

图 2.7 瞬发中子能谱

缓发中子是指处于激发态的某种裂变产物衰变生成的中子,相对裂变时刻,其产生有一定的延迟,缓发中子生成物半衰期大小决定着缓发中子的延迟时间。根据半衰期的差异可将缓发中子近似等效为 6 组,具体产额及平均延迟时间如表 2.1 所示,其在裂变中子总份额中占比不到 1%。

表 2.1 ^{235}U 裂变的缓发中子数据

组号	半衰期	平均寿命 t_i(s)	能量(keV)	份额 β_i
1	55.7	88.65	250	0.000215
2	22.7	32.79	560	0.001424
3	6.22	9.09	405	0.001274
4	2.3	3.32	450	0.002568
5	0.61	0.88	—	0.000748
6	0.23	0.33	—	0.000273

缓发中子的平均动能约为 0.5MeV,相对比瞬发中子的平均动能要低。$E_{\text{delayed}} < E_{\text{prompt}}$(即 0.5MeV < 2MeV)。缓发中子份额虽小,但其对核裂变反应的控制非常重要,如果没有缓发中子存在,以当前的科技水平,实现反应堆裂变过程的控制几乎是不可能的。

3. 裂变能

统计结果表明,除无法利用的中微子能量之外,^{235}U 每次裂变后可利用能量约 200MeV。这些裂变能量中,80% 为裂变碎片的动能,3% 为中子动能,3% 为瞬态 γ 射线的能量,4% 为裂变产物产生的缓发 γ 射线的能量,4% 为裂变产

物产生的缓发 β 射线的能量，另外裂变反应过程还会伴随 ^{238}U 等吸收中子发生辐射—俘获（n, γ）反应放出 γ 射线，这部分能量约占裂变能的 3%。最终，生成的能量 90%在堆芯转化为热能，另有 5%在堆芯反射层转化为热能，还有 5%会在反应堆外的屏蔽层转化为热能。堆芯内的能量绝大多数在堆芯燃料元件内部转化为热能。

2.5.2 自持链式裂变反应

^{235}U 核每次裂变后可利用的能量值约为 200MeV，为获得大量的裂变能，需要大量的裂变反应，由于铀核裂变反应时会生成 2～3 个裂变中子，如果这些裂变中子能在适当的条件下引起周围其他核的裂变，那么只要有足够多的核燃料，就会形成链式裂变反应。如果平均每次裂变反应产生的中子数中有 1 个或 1 个以上引起下一次核裂变反应，就可以使这种裂变反应不依靠外界作用而不断地进行下去，这样的裂变反应就称为**自持链式裂变**反应。一旦形成自持的链式裂变反应，裂变能就可以源源不断释放出来。

1. 核临界

对于核反应堆，由于堆芯除了核燃料外，还有慢化剂、冷却剂、结构材料、控制毒物材料等，每次核裂变生成的 2～3 个中子在反应堆内不可避免地会被非裂变材料所吸收，同时还有部分中子从堆芯泄漏出去，所以能否实现自持链式的裂变反应，主要取决于裂变、非裂变吸收和泄漏等过程所导致的中子数平衡关系。为描述上述中子数的平衡关系，人们引入了增殖因子 k 的概念，借用生物繁衍过程"代"的变化来表征中子循环过程增减特性，注意这里与生物繁衍不同的是中子是以牺牲自己为代价，被吸收后才能裂变生成子代。如果堆芯内中子产生与消失过程能严格按代区分的话，k 就可以表达为新生一代的中子数/直属上一代的中子数，即

$$k = \frac{\text{新生一代中子数}}{\text{直属上一代中子数}} \quad \left(\frac{\text{子代}}{\text{父代}}\right) \quad (2.21)$$

从系统内中子的产生率与总消失率的关系还可以表达为

$$k = \frac{\text{系统内中子的产生率}}{\text{系统内中子的总消失率}} \quad (2.22)$$

当 $k=1$ 时，堆芯内中子数保持不变，维持稳定数目的核裂变反应，称为临界状态；

当 $k<1$ 时，堆芯内中子数不断减少，核裂变反应数目不断减少，称为次临界状态；

当 $k>1$ 时，堆芯内中子数不断增加，核裂变反应数目不断增加，称为超临界状态。

临界状态仅表征堆芯内中子的产生、消失之间的平衡关系，与中子通量密度的绝对值大小无关，实际上反应堆可以在任意中子密度水平下临界，也就是反应堆可以在任意功率下稳定运行。

2．临界的影响因素

假设一个由核燃料和慢化剂组成的均匀反应堆，从 0 时刻开始，堆内第一代中子有 N_0 个，所有裂变中子都是瞬发的，只考虑中子与核的碰撞，不考虑中子间的碰撞。由于裂变生成中子的平均能量为 2MeV，需要不断慢化为 1eV 以下的热中子，才能比较容易引起下一次裂变，因此中子从产生到消失过程中将伴随着中子动能的不断下降。一般会经历高能中子诱发 ^{238}U 的裂变，慢化过程被铀核共振吸收，以快中子形态从堆芯泄漏出去；变为热中子后，有一部分会被慢化剂及结构材料等物质吸收，发生辐射俘获反应，还有一部分会以热中子形态泄漏，最后才是被核燃料吸收诱发裂变反应，生成新的中子。中子按代循环变化的示意图如图 2.8 所示，从图可知，反应堆临界与否主要取决于下列几个过程：^{238}U 的快中子裂变增殖，慢化过程的共振吸收，快中子泄漏，慢化剂及结构材料等物质的辐射俘获反应，热中子泄漏，燃料吸收热中子引起的裂变反应。为定量描述上述 6 个影响因素，人们假设上述 6 个过程可以区分开来，分别引入了 6 个描述因子。

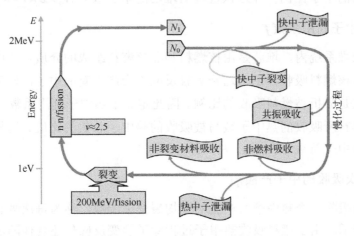

图 2.8　反应堆内中子循环示意图

3. 快中子增殖系数 ε

高能中子诱发 ^{238}U 的裂变会导致中子总数增加，因此称为快中子增殖系数 ε，其表示最终通过裂变反应所获得中子总数与仅由热中子裂变产生中子数的比值。经过该过程后堆芯中子数变为 $N_0 \times \varepsilon$，有

$$\varepsilon = \frac{\text{所有裂变中子产生的快中子总数}}{^{235}U\text{由热中子引起裂变产生的快中子数}} \quad (2.23)$$

4. 快中子不泄漏概率 P_F

快中子泄漏会导致系统内中子数减少，由于关注的重点是还剩余多少，因此定义了快中子不泄漏概率，其等于经过快中子泄漏后剩余的中子数除以泄漏前的总中子数，经过该过程后堆芯的中子数为 $N_0 \times \varepsilon \times P_F$。

5. 逃脱共振吸收概率 p

在无限介质内，中子在慢化过程中能通过整个共振能区时，会因共振吸收导致系统内中子数减少，关注的重点是经过共振吸收后还是剩余多少，因此定义了逃脱共振吸收概率，也就是不被共振俘获的概率。其等于中子动能低于共振能以后剩余的中子数/共振吸收前的总中子数，经过该过程后堆芯的中子数为 $N_0 \times \varepsilon \times P_F \times p$。

6. 热中子不泄漏概率 P_T

同快中子不泄漏概率类似，热中子不泄漏概率表征的是经过热中子泄漏过程后还剩余的中子比例；经过该过程后堆芯的中子数为 $N_0 \times \varepsilon \times P_F \times p \times P_T$。

7. 热中子利用系数 f

在反应堆系统内，堆芯是由核燃料和非核燃料组成的介质，热中子不可避免地会被非核燃料吸收，由于这种吸收反应不会产生新的中子，研究中子增殖过程的重点是分析被燃料吸收的比例。因此定义了热中子利用系数，用 f 表示，其表示核燃料所吸收的热中子数与被吸收的热中子总数的比值。这样最终被燃料吸收的热中子总数为 $N_0 \times \varepsilon \times P_F \times p \times P_T \times f$。

8. 每次吸收的中子产额 η

燃料每吸收一个热中子所产生的平均裂变中子数，称为每次吸收的中子产额，用 η 表示。由于燃料吸收热中子过程除了裂变反应外还会伴随着燃料的辐

射俘获反应，因此，这里的 η 与裂变中子产额 υ 不同，一般 $\eta < \upsilon$。这样经过一代中子循环过程后，最终得到的中子总数为 $N_0 \times \varepsilon \times P_F \times p \times P_T \times f \times \eta$，注意新得到的裂变中子变为了平均能量约为 2MeV 的快中子，从而进入下一代循环过程。

9．四因子公式

根据上述一代中子循环过程的分析，增殖因子就等于经过一代循环后堆芯总中子数除以直属上一代的总中子数 N_0，即

$$k_{\text{eff}} = \frac{N_0 \varepsilon P_F p P_T f \eta}{N_0} = \varepsilon p f \eta P_F P_T \quad (2.24)$$

这样有效增殖因子 k_{eff} 等于 ε、P_F、p、P_T、f 和 η 这 6 个因子的乘积。令 $P = P_F P_T$，则：

$$k_{\text{eff}} = \varepsilon p f \eta P \quad (2.25)$$

式中：P 称为中子不泄漏概率，它描述堆内 N 个裂变中子在慢化和扩散直到最后消失整个运动过程中不泄漏到堆外去的概率。当反应堆为无限大时，中子不可能泄漏到反应堆外，因此中子不泄漏概率 $P=1$，这时的增殖因子称为无限介质的增殖因子，简称为无限增殖因子，对应的 K_{eff} 也称为有限大反应堆有效增殖因子，用 k_∞ 表示。这样式（2.25）简化为

$$k_\infty = \varepsilon p f \eta \quad (2.26)$$

因式的右边仅有 4 个因子相乘，简称为四因子公式。改变上式右边 4 个因子中的任何一个都改变 k_∞，而根据定义上述 4 个因子主要与堆芯材料特性有关，主要包括：核燃料中易裂变材料的富集度，选用的慢化剂材料、结构材料，慢化剂与核燃料的比例关系，材料的布置方式等。

2.5.3 裂变功率与剩余功率

前面已经介绍当反应堆处于临界状态时，可以维持稳定的自持链式核裂变反应，堆芯内单位时间核裂变反应数、中子数将维持不变。下面介绍临界状态反应堆发出的功率和功率运行期间堆芯内核燃料的消耗规律。

1．核裂变功率的计算

由于一次裂变所生成的平均能量近似为常数，即平均每次裂变产生约

200MeV、3.2×10^{-11}J 的能量，一般记为 E_f，如果能求出核反应堆总的裂变率，就可以求出反应堆的裂变功率。反应堆内任一点的核裂变反应率 $R_f(r) = \Sigma_f \times \phi(r)$，如果对全堆芯进行积分，就可以得出堆芯总的裂变率，假设反应堆是均匀堆，Σ_f 近似为常数，则堆芯总功率：

$$P = 总裂变率 \times 每次裂变的能量 E_f$$

$$= \int_V \Sigma_f \times \phi(r) dV \times E_f$$

$$= \Sigma_f \times \bar{\phi} \times V \times E_f \tag{2.27}$$

对于建造好的均匀反应堆，堆芯体积 V 肯定是定值，从上式可以看出：

（1）如果堆芯内 Σ_f 不变，则堆芯总功率就与堆芯平均通量密度成正比；平均中子通量 ϕ 越大，则总功率 P 就越大。

（2）实际上堆芯内 Σ_f 是微观裂变截面与靶核密度的乘积，反应堆功率运行期间，^{235}U 不断裂变，靶核密度将会不断减少，但这种变化非常缓慢，一般以月为单位计量，这样随着反应堆运行的堆芯的 Σ_f 不断减小，同样裂变功率水平需要的平均通量密度 $\bar{\phi}$ 也增大；反应堆常需要根据堆芯材料的燃耗变化来校核核测量仪表。

2．燃耗率与消耗率

反应堆功率运行期间，^{235}U 核将会不断因裂变而减少，为定量描述燃料的消耗情况，我们把单位时间内因裂变而燃耗掉的易裂变核的质量称为燃耗率。

如果知道反应堆的运行功率为 P MW，则可以计算出 1 天内释放的总能量为 $P \times 10^6 \times 24 \times 3600$J，除以每次裂变释放的能量，就可以算出 P MW 的反应堆运行一天所需要的总裂变次数，也就是 ^{235}U 因裂变而燃耗的核子数。如果 F_i 表示单位时间核裂变的总次数，则这些裂变核的质量就应该等于 $\dfrac{F_i \times A}{N_A}$，$N_A$ 为阿伏伽德罗常数，通过简单的数学变换，就可以算出 P MW 反应堆的燃耗率约为

$$\frac{F_i A}{N_A} = \frac{P \times 10^6 \times 24 \times 3600}{3.2 \times 10^{-11} N_A} \times 235 = 1.05 \times P \quad (\text{g/d}) \tag{2.28}$$

实际上由于 ^{235}U 核裂变过程还会伴随发生辐射俘获反应，因此，燃耗率并不能完全代表 ^{235}U 的消耗量，将反应堆功率运行期间单位时间内因吸收中子而消耗掉的易裂变核的质量称为消耗率。根据前面定义的俘获裂变比 α 的概念，

^{235}U 平均每发生一次裂变反应会有（$1+\alpha$）个核因吸收中子而消失，这样运行功率为 P MW 反应堆的易裂变材料消耗率就应为

$$消耗率 = 燃耗率 \times (1+\alpha) \tag{2.29}$$

对于 ^{235}U，α 约为 0.18，则消耗率=1.23P，单位为 g/d，相当于一个热功率为 100MW 的反应堆运行一天约消耗 123g 的 ^{235}U，仅占其初装量的很小一部分，因此核动力反应堆每炉燃料可以满足堆芯满功率运行很长时间不用更换燃料。1kg ^{235}U 消耗相当于 2700t 的标准煤燃烧所释放的能量。

3. 反应堆运行后的剩余功率

与其他热源不同，反应堆停堆后，堆芯功率不会迅速下降到零，这时由剩余释热产生的功率称为剩余功率。反应堆功率运行期间，剩余功率是堆芯能量的重要组成部分；停堆后，剩余功率是影响反应堆安全的一个关键因素，因此需要详细分析剩余功率的组成及特征。对于舰艇用压水堆，停堆后剩余功率的产生主要有三个来源：一是停堆后某些裂变产物还继续发射缓发中子，引起部分铀核裂变，这部分功率称为剩余裂变功率，记为 $P_n(t)$；二是停堆后 ^{238}U 俘获中子后生成的产物 ^{239}U 和 ^{239}Np 在停堆后放射性衰变发热，这部分功率称为辐射俘获产物的衰变功率，记为 $P_c(t)$；三是停堆后裂变产物继续发射β射线、γ射线和缓发中子，所放出的衰变能转化为热能，这部分功率称为裂变产物的衰变功率，记为 $P_d(t)$。最终停堆后的剩余功率 $P(t)$ 等于以上三部分功率之和，即

$$P(t)=P_n(t)+P_d(t)+P_c(t) \tag{2.30}$$

根据热中子诱发 ^{235}U 核裂变时的生成缓发中子先驱核特征，其半衰期最长的约为 1min，也就是说剩余裂变功率 $P_n(t)$ 随时间会很快衰减，只在停堆后的较短时间内起作用，停堆几分以后就可忽略不计。在低浓缩铀作燃料的压水堆中，对中子俘获产物衰变能贡献最大的是 ^{238}U，形成 ^{238}U 的主要辐射产物 ^{239}U 和 ^{239}Np 的半衰期较长，分别为 23.5min 和 2.35d，因此辐射俘获产物的衰变功率 $P_c(t)$ 起作用的时间较长，一般在停堆 5d 后才可忽略。

剩余功率中最重要的则是裂变产物的衰变功率 $P_d(t)$，它不仅持续时间长（通常在停堆 1 个月后还可起到加热作用），而且比俘获产物衰变功率 $P_c(t)$ 通常要大一个量级。对于舰艇压水堆，最终形成的裂变产物多达上百种，详细跟踪不同裂变产物来分析衰变热大小将非常复杂；一般分析裂变产物的衰变功率时，往往采用近似等效的方式来处理。

假定反应堆在热功率 P_0 下稳定运行，经 T 秒（1d=86400s）后突然停堆，停堆 t 秒后的衰变热功率用 $P_d(t,T)$ 表示，一般的简化计算中，可直接用博斯特—惠勒经验关系式表达：

$$\frac{P_d(t,T)}{P_0} = 6.65 \times 10^{-2}[t^{-0.2} - (T+t)^{-0.2}] \quad (2.31)$$

注意公式中衰变热单位与运行功率 P_0 相同，T 和 t 单位均为 s。

从该公式也可以看出，停堆衰变热的大小近似与停堆前反应堆的运行功率成正比，并受堆芯裂变核素成分、功率运行历史的影响。假设一个 100MW 的反应堆运行一年后如果突然停堆，根据博斯特—惠勒经验关系式可以算出 24h 后其衰变热仍高达 0.47MW。这么大的能量如果不能及时导出，仍然会导致堆芯熔化，三哩岛核事故、福岛核事故也都是因为衰变热没有及时导出而最终导致堆芯烧毁；也正是因为衰变热的问题使得确保反应堆安全的任务困难重重。

思 考 题

1. 试用比结合能曲线说明重核裂变释放核能的原理。
2. 中子与物质核发生相互作用的类型有哪些？各有何特点？
3. 什么是核反应的微观裂变截面，试说明 ^{235}U 核微观截面随中子能量的变化规律。
4. 试分析反应堆临界的充分必要条件。
5. 某核潜艇的平均航速为 20n mile/h，试问沿赤道一圈需要多少天？反应堆平均运行功率为 90MW，试问共需消耗多少千克的 $^{235}_{92}$U？
6. 反应堆在 100MW 功率下连续运行 20 天，试求停堆 2 天后的剩余功率。
7. 试分析核反应过程遵从哪些守恒定律？
8. 什么叫中子通量密度？试分析核反应堆临界时裂变释放的能量与堆芯内中子通量密度的关系。
9. 自然界中有自由中子吗？简述哪些核反应可以产生中子？试分析中子源在核武器中的作用。

第 3 章 辐射安全与防护

自 19 世纪末人类发现放射性以来，核能与核技术的研究、开发与应用得到了广泛而迅猛的发展，给人们的生产、生活带来了巨大的便利。但它也是一把双刃剑，给人类带来福音的同时，伴随核能与核技术的电离辐射也给人类带来新的危险。从 1895 年伦琴发现 X 射线后不久，研究人员就发现，长期接受 X 射线照射的人会发生皮肤起红斑、肿胀或溃疡、眼痛或结膜炎、毛发脱落、白血球减少等症状，后来发现镭等天然放射性物质也会引发皮肤癌、肺癌等恶性疾病，从而引起人们对辐射危害的重视和研究，提出许多防护方法和措施，例如将 X 射线管装入衬铅层的包装盒内，接触 X 射线的人员穿戴含铅的防护衣具，戴铅玻璃眼罩防止眼睛受到照射等。由于缺乏对辐射长期效应的认识，20 世纪 30 年代至 50 年代，电离辐射广泛应用于诊断和治疗时导致许多病人因接受过高的累积照射而诱发白血病、骨肿瘤、肝癌等恶性疾病，使人们对电离辐射的危害有了进一步的认识。下面讨论一下日常工作和生活中常见电离辐射的性质和危害。

电离辐射是指能够使物质发生电离或激发的电磁辐射或粒子，前者如 X 射线、γ 射线等，后者如 α 粒子、β 粒子和中子等。平时体检时的胸透检查、CT 扫描、PET 等都用到了电离辐射。日常生活和工作中遇到的如手机辐射、微波辐射、高压变电站等产生的电磁辐射的能量很低，不能使物质发生电离或激发，属于非电离辐射，但如果使用或防护不当，也会对人产生一些不利影响。

3.1 辐 射 源

产生电离辐射的物质或装置称作辐射源（radiation source），前者称为放射性同位素，后者称为射线装置。根据产生来源的不同，辐射源分为天然辐射源和人工辐射源。天然辐射源包括宇宙射线、地球辐射源以及人体辐射源三类，这些辐射源发出的射线或粒子每时每刻都作用于人体，形成天然本底辐射。

宇宙射线是指从地球外层空间穿透地球大气层到达地面的电离辐射，也包括它们在穿透大气层的过程中与地球大气层作用产生的次级电离辐射。地球大气层就像一件厚厚的电离辐射防护服一样，大部分宇宙射线都被吸收了，人类才免遭宇宙射线的过度伤害，因此，海拔越高，宇宙射线越强。另一方面，带有电荷的宇宙射线还会受到地球磁场的作用而向两极偏转，因此地球两极的宇宙射线会比低纬度地区的强一些，特定条件下还会产生美轮美奂的极光。

地球辐射源是指地球岩石、土壤、大气等物质中含有的天然放射性核素，分为宇生放射性核素和原生放射性核素，对人类产生辐射照射的主要是原生放射性核素。原生放射性核素是地球形成之初就已经存在的天然放射性核素，由于地球寿命已达 40 多亿年，所以现在仍存在的只剩下半衰期极长的放射性核素及其衰变子体，主要是以 ^{238}U（半衰期约 45 亿年）、^{232}Th（半衰期约 120 亿年）、^{235}U（半衰期约 7 亿年）为首的三个放射系和 ^{40}K（半衰期约 12.8 亿年）、^{87}Rb（半衰期约 475 亿年）等几种核素，它们的半衰期最短的有几亿年，长的达到几十亿甚至几百亿年，广泛地分布于地壳中，地球上的所有物质都含有一定的放射性，但绝大多数情况下对人类生存和健康的影响几乎可以忽略不计。

由于生存的需要，人体通过饮食、呼吸和排泄等方式与自然界发生物质交换与循环，不可避免地摄入这些放射性核素，但含量非常少，剂量率贡献极低。人体内含有较高比例的元素是碳、氢、钾等，占比最大的放射性核素主要是 ^{40}K、^{14}C、^{3}H 等，铀、钍及其衰变子体也有一定含量，衰变子体镭的化学性质与钙相似，通常聚集在骨骼中。

以上几类辐射源的存在，构成了地球上人类无法回避的天然本底辐射，在自然界中一直存在，且相对稳定，其强度基本不随时间变化。但不同地区的天然本底辐射有所差异，富含铀钍矿石的山区辐射水平较高，平原地区的辐射水平较低，海洋表面最低。一般地区天然本底辐射对人产生的年有效剂量约为 2.4mSv，其中约有一半来自氡的贡献。

人工辐射源包括人类制造加工的放射性物质和能够产生电离辐射的装置，以及被人类活动改变的天然辐射源，例如核武器、反应堆、加速器、工业探伤装置、医用放射源和射线装置、放射性废物等。医学诊断和治疗所产生的照射，约占人工辐射源的 95%。但就全世界人口平均所受剂量而言，人工辐射源的贡献远小于天然本底辐射。

3.2 常见射线的性质与危害

常见的电离辐射有 α 射线、β 射线、X/γ 射线和中子射线。

3.2.1 α 射线的性质与危害

α 射线又称 α 粒子，实际上高速运动的氦原子核，一般是由原子序数大于 82 的放射性核素衰变时发射出来的，能量通常在 4~7MeV。α 衰变产生的 α 粒子的能量是单能的，仅与衰变母核有关，因此可以通过测量其能量反推出母核的种类。α 粒子与物质发生作用的主要方式是直接与原子核外的电子发生弹性碰撞或者非弹性碰撞，由于 α 粒子质量远大于电子，其运动方向几乎不发生改变，运动轨迹近似为直线。1 个 5MeV 的 α 粒子在物质中一般要经过十几万次的电离碰撞才将其能量全部耗尽，最终捕获 2 个电子转变为氦原子。

α 粒子的直接电离能力非常强，但穿透能力很弱，对于衰变产生的 α 粒子，经过 10cm 厚的空气层就可完全被吸收，一张普通的打印纸就可完全将其挡住。但如果 α 放射源进入人体内部，将对局部组织器官造成重大损伤，因而要严防 α 放射源进入人体，采用口罩、面具、手套、防沾染服等可有效防止 α 放射性物质接触皮肤或通过呼吸道进入人体，同时应禁止在放射性工作场所进食、饮水、抽烟等，防止 α 放射性物质通过口腔或呼吸道进入人体。

3.2.2 β 射线的性质与危害

β 射线实质是高速运动的电子，与电子没有本质区别，只是来源不同，电子一般是从原子核外电子轨道放出的，能量通常较低，且是单能的；而 β 射线一般是原子核衰变时从原子核发出的，能量通常较高，且是连续分布的。β 射线与物质作用的主要方式有两种：

（1）与核外电子发生弹性或非弹性碰撞，每次碰撞之后运动方向发生较大改变，损失能量的比例很大。

（2）与原子核发生相互作用，β 射线损失的能量以能量连续的 X 射线的形式（韧致辐射）释放，这种情况在 β 射线能量较高、作用物质的原子序数较高时比较明显。

在同种物质中，β射线的射程比α射线长得多，β射线在空气中的射程大约几米至十几米，在混凝土内约为几毫米，能够完全穿透人体皮肤。与中子或γ射线相比，β射线的外照射危害较轻，但也能对皮肤和眼结膜等造成比较严重的伤害，采用有机玻璃、铝片等轻物质可以有效屏蔽β射线。β射线的直接电离能力也较强，如果通过呼吸或饮食等途径进入人体内部，将会对所在位置的人体组织器官造成较大伤害。所以，应谨防β放射性物质进入人体，具体措施与α放射性物质的防护方法类似。

3.2.3 γ射线的性质与危害

从本质上讲，γ射线就是一种能量极高的电磁辐射（电磁波），一般是由能态较高的原子核向较低能态跃迁时（γ衰变）释放的。γ光子是中性的，静止质量为0，γ衰变和核裂变放出的γ光子的能量通常不高于20MeV，与物质发生的相互作用方式主要有光电效应、康普顿效应和电子对效应三种，其余几种方式的发生概率一般可以忽略不计。

γ光子与靶物质原子核外的某一电子作用时，将自身全部能量传递给电子，γ光子自身消失，该电子挣脱原子的束缚成为自由电子，这一过程称作光电效应，光电效应产生的自由电子通常称为光电子。

康普顿效应是指入射γ光子与靶物质原子核外的某一电子发生非弹性碰撞，将自身的一部分能量传递给电子，该电子挣脱原子核的束缚而成为自由电子，此电子称为反冲电子，入射γ光子的能量和运动方向发生变化而转变为散射光子。

当γ光子经过靶物质原子核时，与原子核的库仑场发生作用，结果γ光子消失，同时产生一个负电子和一个正电子，这一过程称作电子对效应。由于负电子和正电子是γ光子的能量转换而来的，因此，入射γ光子的能量必须至少大于两个电子的静止质量，即 $E_\gamma > 1.022 \text{MeV}$ 时才可能发生电子对效应。

γ光子与物质发生某种相互作用的概率大小通常用反应截面描述，反应截面的大小主要与物质的原子序数和γ光子的能量有关。总的来说，作用物质的原子序数越高，光电效应、康普顿效应和电子对效应的反应截面越大，所以采用原子序数较高的材料如铅、钨等屏蔽γ射线的效果最好。但反应截面与光子能量的关系比较复杂，在低能区光电效应占优势，在中能区康普顿效应占优势，在高能区则是电子对效应占优势。

与α、β等带电粒子相比而言，γ射线与物质发生作用的概率要小得多，两次相互作用之间的平均距离（平均自由程）很大，因而穿透能力很强，几 MeV 的 γ 射线能够穿透几厘米至十几厘米的金属、几百米的空气层，完全贯穿人体骨骼。γ 射线穿过物质时，其强度按指数规律衰减，物质的密度越大，原子序数越高，减弱 γ 射线的效果越好。由于 γ 射线的直接电离能力很弱，穿透能力很强，相对而言，在实际工作中，γ 射线的外照射危害更大，必须采取物质屏蔽、控制时间、增加距离等方法加以防护。

3.2.4 中子的性质与危害

中子是一种不带电粒子，质量比质子稍大。原子核中受到核力约束的中子是稳定的，但自由中子是不稳定的，半衰期约为 10.6min，会自发地衰变为质子，同时产生一个电子和一个反中微子，用表达式表示为 $n \rightarrow p + e^- + \bar{\nu}$。

由于中子不带电，中子与核外电子不存在库仑作用，与电子的电磁相互作用也极其微弱，因此中子基本只与物质的原子核发生散射或吸收等形式的相互作用，结果可能是中子消失并产生一个或多个次级辐射，也可能是中子的能量或方向发生显著的改变。所以，从结果来看，同 γ 射线与靶物质的作用比较类似，都是产生次级辐射，但两者又有较大不同，中子与靶物质相互作用产生的次级产物差不多总是重带电粒子，而 γ 射线得到的总是次级电子。这些重带电粒子可能是核反应的结果，也可能是由于与中子碰撞而获得能量的靶物质原子核本身。中子与物质发生相互作用的反应截面很小，其大小主要与中子能量、作用物质的原子核核素种类有关。中子与物质发生相互作用的类型及截面大小与中子能量大小存在着强烈的依赖关系，在某些能量区域，作用截面很小，而有些能量区域，作用截面则大出许多，在某些较窄的能量范围，截面有可能突然地急剧增加，类似共振现象。

中子的穿透能力很强，虽然直接电离能力很弱，但间接电离能力很强，因而中子的外照射和内照射危害都很大。从工作实际的角度出发，中子内照射的情况极少出现，主要的实际危害是外照射。能够有效屏蔽中子的材料有水、石蜡、聚乙烯以及含有中子吸收截面较大的（如硼等）材料的复合材料等。

3.3 常用辐射量与单位

为了定量描述射线与物质的相互作用以及它对人体的伤害，需要用到一些特殊的物理量。由于对象是电离辐射，所以常称为辐射量。以下介绍4个工作中常用的辐射量：放射性活度、吸收剂量、当量剂量、有效剂量。为了便于理解，如果将放射性物质比作弹药库，贮存各类武器弹药，那么放射性活度可以比作弹药库单位时间向外发射的各种武器弹药的总数量，吸收剂量可以比作落在阵地上的各种武器弹药的总爆炸当量，当量剂量则可以比作阵地工事、武器装备、人员等具体对象所受到的损伤，而有效剂量可以比作整支部队所遭受的战斗力损伤。

3.3.1 放射性活度

放射性活度（简称活度，常用 A 表示）可以简单地理解为单位时间内发生放射性衰变的次数。放射性活度的国际制单位为 1/s，专用单位为贝可勒尔，简称贝可，英文符号为 Bq，1Bq=1/s，1Bq 表示放射性物质在 1s 内发生了 1 次放射性衰变。放射性活度还有一个常用单位——居里（Ci），1Ci=3.7×10^{10}Bq。在实际工作中，通常需要知道或区分单位面积、单位体积或单位质量的放射性活度。

单位面积上的放射性活度称为表面活度，用 A_S 表示，国际制单位为 Bq/m^2，常用单位为 Bq/cm^2，被放射性物质沾染的设备表面、地面等常用表面活度表征其放射性强弱。例如，核电站核事故污染范围大，通常指的是地面的表面活度超过了限值。

单位体积或单位质量物质的放射性活度，称为放射性活度浓度，单位体积物质的放射性活度有时简称为体积比活度，单位质量物质的放射性活度有时简称为质量比活度。体积比活度常用 A_V 表示，国际制单位为 Bq/m^3，常用单位为 Bq/L，如核设施运行、维修、退役或事故过程中产生的放射性废水以及放射性气体或气溶胶的放射性活度浓度常用体积比活度表示。质量比活度常用 A_m 表示，国际制单位为 Bq/kg，常用单位为 Bq/g，如被中子活化的反应堆结构材料或屏蔽材料、固态标准放射性物质等的放射性活度浓度通常使用质量比活度表示。

3.3.2 吸收剂量

吸收剂量指的是单位质量物质受到电离辐射照射后吸收电离辐射能量的多少，国际单位制是焦耳/千克，即 J/kg，吸收剂量的专用单位为戈瑞（Gy），1Gy=1J/kg。吸收剂量适用于任何物质、任何类型的射线或粒子，以及任何照射方式。物质被电离辐射照射后可能发生的效应与单位质量的该物质所吸收的辐射能量大小有着非常重要的关系，例如某些生物体组织接受的吸收剂量达到一定值后可能会发生损伤或死亡，有些金属材料接受的吸收剂量超过一定值后，其脆性、韧性等性质会发生明显变化。

与之紧密相关的量是吸收剂量率，表示单位时间内吸收剂量的变化，国际制单位为 Gy/s，常用单位为 mGy/h、μGy/h，吸收剂量率常用于表征中子、γ射线等产生的外照射辐射水平。有时说"某某地方核辐射很强"通常是指吸收剂量率很高。

3.3.3 当量剂量

当量剂量和后面马上要提到的有效剂量，都是专门针对生物体（通常是指人类）而言的，前面所说的吸收剂量只是表示单位质量的组织器官吸收的电离辐射的能量，不能表示电离辐射对组织器官的伤害程度。而当量剂量就是描述电离辐射对人体组织器官伤害的物理量，是某个具体组织器官所受各种电离辐射产生的吸收剂量的加权之和，用式（3.1）表示，式中加权系数 ω_R 称为辐射权重因数，取决于电离辐射的种类和能量，$D_{T,R}$ 表示辐射 R 对组织器官 T 产生的吸收剂量，即

$$H_T = \sum_R \omega_R D_{T,R} \tag{3.1}$$

辐射权重因数用于表征不同种类、不同能量的辐射对人体的相对危害，表 3.1 给出了常见射线的辐射权重因数。可以看出，光子和电子的辐射权重因数均为 1，而 α 粒子、中子和重粒子则很高。

表 3.1 常见射线的辐射权重因数

辐射类型及能量范围		辐射权重因数
光子（所有能量）		1
电子及 μ 子（所有能量，但不包括由原子核向 DNA 发射的俄歇电子）		1
中子	能量低于 10keV	5
	能量介于 10～100keV	10
	能量介于 100keV～2MeV	20
	能量介于 2～20MeV	10
	能量高于 20MeV	5
质子（反冲质子除外，能量高于 2MeV）		5
α 粒子、裂变碎片、重核		20

3.3.4 有效剂量

人的不同部位,例如头部和臂部,受到相同力度的打击时,其后果肯定是不同的。不同的组织器官接受相同的当量剂量的照射时,其后果也是不同的。辐射照射对生物体组织器官产生的危险,不仅与辐射种类、能量有关,还随受照射的组织器官的不同而变化。为了总体衡量生物体受照射后可能产生的危险,对生物体所有组织器官所受的当量剂量进行加权求和,即有效剂量,可以用式(3.2)表示。

$$E = \sum_T \omega_T H_T = \sum_T \omega_T \sum_R \omega_R D_{T,R} \tag{3.2}$$

式中:加权系数 ω_T 称为组织器官的权重因数。表 3.2 给出了一些组织或器官的加权系数,从中可以看出,重要且敏感的组织器官的权重更大一些,这与我们的直观感觉是一致的。有效剂量用于评价受电离辐射照射后人体整体所受的损伤。

表 3.2 ICRP 推荐的组织权重因数

组织或器官	组织权重因数	组织或器官	组织权重因数
性腺	0.20(0.08)	食道	0.05(0.04)
(红)骨髓	0.12(0.12)	甲状腺	0.05(0.04)
结肠	0.12(0.12)	皮肤	0.01(0.01)
肺	0.12(0.12)	骨表面	0.01(0.01)
胃	0.12(0.12)	脑	(0.01)
膀胱	0.05(0.04)	唾液腺	(0.01)
乳腺	0.05(0.12)	其余组织或器官	0.05(0.12)
肝	0.05(0.04)	总计	1.00(1.00)

注意,括号外的数值是 ICRP 在 1991 年第 60 号出版物的推荐值,而括号内的数值则是根据最新研究成果和实验数据进行修改后的 ICRP 在 2007 年第 103 号出版物的推荐值。不难看出,新出版物大幅降低了性腺的权重,同时提高了乳腺的权重,这表明过去可能高估了遗传效应的风险,而低估了乳腺受照后的风险。

3.4 辐射生物效应

电离辐射作用于生物体时，会产生一些特殊的生理效应，称为电离辐射的生物效应，有时简称为辐射生物效应或生物效应。辐射生物效应首先体现在与细胞的相互作用过程及其对细胞产生的后果上，首先来看看辐射对细胞的作用。

3.4.1 辐射对细胞的损伤

细胞是生物体形态结构与生命活动的基本单元，主要由细胞核、细胞质、细胞膜等部分组成。根据功能的不同，生物细胞一般分为体细胞和生殖细胞。细胞核内含有染色体，染色体由蛋白质和脱氧核糖核酸（DNA）等组成，DNA为双螺旋结构，包含细胞为执行一定功能和自身繁殖所需的全部信息，是细胞增殖、遗传的物质基础，也是引起细胞生化、生理改变的关键性物质。

电离辐射作用于生物体时，会直接或间接地使组成细胞的分子发生电离、激发或者化学键断裂，其结构、性质或者活性发生改变，导致发生功能损伤或代谢障碍。辐射对生物体造成的宏观损伤取决于细胞的微观损伤，根源在于DNA的损伤。另外，生物细胞本身具有很强的自我修复能力，可以在一定时间内使受损的DNA分子恢复原状，以维持细胞正常的生命过程。

细胞受照射后可能发生这样几种情况：DNA正常修复、细胞存活，DNA错误修复、细胞存活，细胞死亡等。如果DNA能得到正确的修复，细胞功能就可能恢复正常；如果修复不成功、不完全或不正确，细胞可能死亡，或发生遗传信息的改变和丢失。遗传信息的改变会引起遗传性缺陷，并在辐射诱发癌症中起重要作用。如果细胞受照射后死亡而且达到一定数量或比例，可能会产生暂时或永久性的损伤或者功能障碍，例如皮肤起红斑、脱发、眼晶体混浊或白内障、造血功能障碍、暂时性或永久性不育等，这种情况只有在放射源失控或核事故时短时间内受到非常高的剂量才可能发生。

3.4.2 辐射生物效应的分类

电离辐射产生的生物效应多种多样，通常有以下三种分类方式。

（1）按照受照射后有害效应发生主体的不同，即受害者的不同，将辐射生物效应分为躯体效应和遗传效应。躯体效应是指生物效应发生在受照者本人身上，如受照后呕吐、皮肤起红斑、皮肤溃烂、脱发、癌症等。遗传效应则是指生物效应发生在受照者后代身上（一般仅限两代以内），如受照者后代先天性畸形、生长发育迟缓或障碍等。

（2）按照受照后有害效应出现时间早晚的不同，将辐射生物效应分为急性效应和远期效应。急性效应有时也称早期效应，急性效应是指受照后辐射生物效应在较短时间内（一般是受照后几小时、几天或几周内）显现出来，如受照后呕吐、皮肤溃烂、脱发等。急性效应一般仅在发生意外或事故时接受大剂量照射后才可能发生，正常条件下不会发生早期或急性效应。远期效应是指辐射生物效应在受照后数月、数年甚至数十年之后才会显现，如白血病、癌症、遗传病等。职业工作人员在正常工作条件下唯一可能发生的辐射生物效应是远期效应。

（3）按照辐射生物效应发生概率、严重程度与受照剂量的关系，将辐射生物效应分为随机性效应和确定性效应。随机性效应是指发生概率与受照剂量大小有关，但严重程度与受照剂量大小基本无关的一类生物效应。引发随机性效应不存在剂量阈值，很小的受照剂量也可能引发随机性效应，随着受照剂量的增加，随机性效应的发生概率也会增加。确定性效应是指发生概率和严重程度与受照剂量大小都有关系，且均随受照剂量的增加而增加的一类生物效应。引发确定性效应存在一个阈值剂量，受照剂量低于阈值剂量时不会发生确定性效应。应该注意的是，不同组织器官的确定性效应，其阈值剂量不同。例如，眼晶体较为敏感，发生确定性效应的剂量阈值较低，而皮肤发生确定性效应的剂量阈值则较高一些。

下面简要介绍一下工作中可能会遇到的急性照射和小剂量照射。

1．急性照射

所谓急性照射是指单次或者短时间内接受较大剂量的照射（一般为外照射）。急性照射可能使某些组织器官的细胞大量死亡，细胞分裂受到严重阻碍或者延缓，同时伴有多种组织器官或功能系统严重损伤，出现特定的临床症状和体征。这种由急性照射引发的全身性生物效应称作急性放射病，其严重程度随照射剂量的增大而加重。急性放射病往往是由于意外事故引起的大剂量照射造成的，例如意外超临界事故、严重违反操作规程导致的重大事故、强放射源丢失或者误操作、核爆炸有效范围内无有效防护的照射等。正常情况和一般事故条件下不会引发急性放射病。

2．小剂量外照射

其实，在工作和生活中遇到的大多都是小剂量外照射，根据照射特征又可以分为两种情况。一种是低水平照射，也就是说长期接受低剂量率的照射，但总剂量远低于年剂量限值，如正常工作条件下职业工作人员接受的职业照射等。由于受照次数多，时间跨度长，机体既有损伤，又有修复。目前，还无法直接观察到低水平照射引起的生物学指标变化，对低水平照射的危害评价，主要通过辐射流行病学调查、动物实验和离体细胞实验进行。另一种情况是短期内接受单次或多次照射，但是总剂量较小的一类照射，可能是一次或数天内多次受到照射，但总剂量较小，如事故条件下的应急照射，可以观察到一些临床变化。研究发现，短期内单次或多次的小剂量外照射对机体的影响是轻微的，临床的血液学变化、淋巴细胞染色体畸变等阳性变化一般在短期内会自行消失。

3.5 辐射防护体系与法律法规

国际放射防护委员会（ICRP），是专门研究辐射生物效应及防护体系、标准、方法的国际组织，发布了一系列建议书，各国一般以 ICRP 建议书为基本依据，结合本国国情制定辐射防护相应的法律法规标准。

早期由于认识的限制，ICRP 只提出了防止出现某些特定症状的阈剂量，例如红斑剂量、耐受剂量、容许剂量等，在实践中逐渐发现这些概念是不严谨也是不科学的。1977 年，ICRP 首次提出基于辐射防护三原则的剂量限制体系，其中个人剂量限值为 50mSv/年，后来演变发展为防护体系，目前最新的辐射防护体系是 ICRP 在 2007 年提出来的，个人有效剂量限值降为 20mSv/年。辐射防护体系的核心是辐射防护三原则，即实践的正当性、防护的最优化和个人剂量限制。正当性是前提，最优化是目标，剂量限制是限制条件。其中正当性原则和最优化原则是与辐射源相关的，适用于所有照射情况；剂量限制原则是为了防止最优化而忽略少数人的防护而设置的，是与个人相关的，只适用于计划照射的情况。下面具体介绍辐射防护的三原则。

3.5.1 辐射防护三原则

1．实践的正当性原则

任何伴随辐射照射的实践，得到的利益都应当大于付出的代价。这里的利益应该是代表全社会大多数人的利益，而不仅仅是一小部分人或某个团体的利益。伴随辐射照射实践付出的代价，不仅仅包括需要付出的辐射防护本身的代价，还包括环境保护等经济方面的代价和公众接受程度等社会方面的代价，所考虑的后果应当不限于辐射危害，还应包括其他危险和代价，辐射危害有时只是全部危害的一小部分，因此正当性原则常常超过了辐射防护本身的范围，要选出最佳方案，需要包括辐射防护部门在内的许多部门的共同努力。

2．防护的最优化原则

最优化原则就是在考虑了经济和社会利益因素之后，要使遭受照射的可能性、受照射的人数以及受照剂量大小都应保持在可以合理达到的、尽可能低的水平。防护的目的并非要将辐射的危害降到零，这是不现实的。如果在采取了一定的措施之后，再进一步降低辐射危害需要付出的代价比获得的利益还大，就说明达到了防护的最优化。

防护的最优化还应考虑到技术和社会经济的发展，既要定性地判断，也需要定量地判断，应当十分系统和谨慎，以保证所有的相关方面得到考虑。但防护最优化不等于剂量最小化，而是仔细地对辐射危害和保护个人可利用的资源进行权衡评估的结果。社会影响的评估经常会影响放射防护水平的最终决定，决策过程还包括社会关注和道德方面，以及公开透明的考虑，需要利益相关各方的参与。

3．剂量限制原则

为了避免这种优化过程严重不公平的结果，应当对个人受到特定源的剂量或危险加以限制，这就是剂量限制原则。剂量限制原则里面包括三个概念：剂量限值、剂量约束和参考水平。

为了准确理解这三个概念，先介绍几个紧密相关的术语。第一个术语是计划照射，计划照射是指发生前能够采取计划加以防护的照射，也包括大小和范围能够合理估计的照射。前者是预期会发生的照射，称为正常照射；后者是预期可能不会发生的照射,称为潜在照射。第二个术语是应急照射,是指即使采取了所有合理可行的措施,但由于恶意行为或其他意外原因仍然可能发生、且需要采取紧急行动以避免或减缓后果的照射。第三个术语是既存照射,是指在采取控制或防护策略前就已经存在的照射,例如,建筑物或矿井等场所内的氡、天然存在的放射性物质、核设施或核技术应用装置发生意外事件或事故导致周边环境被放射性污染等。

剂量限值、剂量约束和参考水平这三个概念虽然都表示某一剂量水平,但其应用场合不同。剂量限值仅适用于计划照射中的正常照射,但不包括患者的医疗照射,用于限制所有辐射源对个人的正常照射。平时说的每年不超过20mSv/年,就是指的这个概念。剂量约束则用于计划照射中的潜在照射,用于限制某个辐射源对个人的潜在照射。参考水平则用于应急照射或既存照射情况,剂量约束和参考水平以及防护最优化一起用于对个人的剂量限制,剂量约束和参考水平都是一种剂量水平,定义这种水平的初步目标是保证个人剂量不超过或保持在这一水平以下;最终目标是要在考虑经济和社会因素以后,把所有的剂量降低到可合理达到的尽量低的水平。

必须注意的是,无论是剂量限值、剂量约束还是参考水平都不代表"危险"与"安全"的分界限,也不表示改变个人相关健康危害的等级。

3.5.2 辐射防护相关的法律法规标准

我国现行的电离辐射安全防护法律法规体系包括国家法律、国务院条例、国务院相关部门颁发的法规和标准。与电离辐射安全防护直接相关的法律主要有:①《中华人民共和国核安全法》;②《中华人民共和国放射性污染防治法》;③《中华人民共和国职业病防治法》。

由国务院发布的辐射防护相关的法规条例主要有:①《中华人民共和国民用核设施安全监督管理条例》;②《中华人民共和国核材料管理条例》;③《核电厂核事故应急管理条例》;④《放射性同位素与射线装置安全和防护条例》;⑤《放射性物品运输安全管理条例》。同时国务院下属部门还发布了一系列与辐射防护相关的标准,包括国家标准 GB 系列、核安全导则 HAD 系列、行业标准 EJ 系列和 HJ 系列。军队根据核动力装置的设计、建造、运行、退役等需要颁布了相关法规标准,例如《潜艇核动力设施辐射防护安全规定》《潜艇核动力装置设计、运行安全规定》《潜艇核动力装置退役安全规定》等系列国军标，用于规范潜艇核动力装置的设计、建造、运行和退役等各环节的相关工作。

从名称上看，这些都不是专门的辐射防护法律法规标准，但都与辐射防护紧密相关，或者设置了辐射防护的专门条款。2002年发布了由国家环保总局、卫生部和国防科工委联合组织编制的《电离辐射防护与辐射源安全基本标准》（GB18871—2002），是一部专门的辐射防护标准。

这个标准规定了职业工作人员和公众的照射剂量限值，主要包括个人剂量限值和表面污染控制水平。职业工作人员的有效剂量限值规定为连续5年内平均每年不超过20mSv，单独一年可以稍高，但不应超过50mSv，对公众个人则规定连续5年内平均每年不超过1mSv。限制有效剂量的主要目的是降低癌症、遗传病等随机性效应发生的概率。由于当量剂量是与组织器官相关的，而眼晶体相对比较敏感，标准规定职业工作人员的眼晶体的年当量剂量限值为150mSv，对皮肤而言，则为某一深度处的年当量剂量不超过500mSv，手和脚的年当量剂量限值为500mSv，公众个人的相应组织器官的年当量剂量限值为职业工作人员的1/10。限制当量剂量的目的是为了防止眼晶体、皮肤、手脚等器官发生确定性效应，这种情况在正常条件下是不会发生的。

平时大家经常说到的20mSv，指的就是职业工作人员每人每年的有效剂量限值，这一限值应该说是很低的，例如，天然本底照射产生的个人年有效剂量平均约2.4mSv，高本底地区可达5mSv，甚至10mSv以上，一次胸部CT检查的受照剂量约7mSv。应该注意的是，个人剂量限值并非安全与危险的分界线，只是说接受的剂量低于此限值时，随机性效应的发生概率是社会可以接受的，实际工作中应提高安全意识，采取合理有效的防护措施，尽可能减少受照剂量，降低健康风险。

需要强调的是，个人剂量限值仅适用于计划照射情况，不适用于应急照射情况，而且只包括从事放射性相关工作接受的剂量，不包括个人接受的天然本底照射和医疗照射。

事故条件下对个人剂量采用参考水平加以限制，在以下三种情况下，工作人员的受照剂量不受个人年剂量限值的制约：①为抢救生命或者避免严重损伤；②为了避免大的集体剂量；③为了防止演变成灾难性情况。除了抢救生命的行动外，必须尽一切合理的努力，将工作人员所受剂量控制在单一年份最大剂量限值的2倍以下（也就是100mSv）。对于抢救生命的行动，应将工作人员的受照剂量控制在单一年份最大剂量限值的10倍以下（也就是500mSv），以防止确定性效应的发生。如果某一抢救行动可能使工作人员的受照剂量达到或超过单一年份剂量限值的 10 倍以上时，只有在抢救行动给他人、团体或社会带来的利益明显大于工作人员因受照而带来的危险时，才允许采取这种行动。

3.6 辐射防护的基本方法

辐射对人体的照射方式分外照射和内照射两类。其中外照射是指辐射源在人体外部释放出射线、粒子对人体产生的照射；内照射则是指放射性核素进入人体内，在体内衰变释放出射线、粒子对人体产生的照射。与此相对应，也分为外照射防护和内照射防护两类。

3.6.1 外照射防护的一般方法

（1）时间防护，就是控制受照时间。由于受照剂量的大小与受照时间成正比，也就是说，在一定的照射条件下，照射时间越长，受照剂量就越大。因此在满足工作需要的条件下，应当尽量缩短受照时间。具体方法很多，如熟练业务，提高作业效率，特别是对于较为复杂的操作，还必须事先进行不加放射性物质的空白操作演练，以提高操作熟练程度和操作速度，从而达到有效缩短受照时间的目的；当辐射水平高、操作时间长时，可采取轮换作业的方式，限制每人的操作时间，减少受照剂量；避免在放射源旁作不必要的停留。

（2）距离防护，就是增大辐射源与操作人员之间的距离。外照射剂量与离开辐射源的距离直接相关。对于一个点源来说，在某点产生的照射剂量同该点与辐射源距离的平方成反比，即距离增加 1 倍，照射剂量将降低为原来的 1/4。由此可见，距离增大，人员所受剂量明显减少，这称为距离防护。在实际工作中，可使用远距离操作工具，如长柄钳、机械手、远距离自动控制装置；人员经常活动的场所与放射源保持足够的距离等。

（3）屏蔽防护，就是在辐射源和人之间增加一定厚度的屏蔽材料。时间防护和距离防护虽然是十分有效、经济的方法，但存在着局限性。有时，当操作的空间有限或辐射源的强度较大时，单靠缩短时间和增大距离不能满足安全防护要求，需要在人和辐射源之间设置防护屏障，这种方法叫屏蔽防护。选择什么屏蔽材料主要取决于射线种类，如屏蔽 γ 射线的材料可以根据情况选用重混凝土、铁、铅、水等。而对 β 射线的屏蔽，则一般选用有机玻璃、铝片等轻材料，外面适当包以重材料。屏蔽中子则主要使用含硼聚乙烯、石蜡、水等。

3.6.2 内照射防护的一般方法

由于内照射是放射性物质进入体内产生的，所以控制内照射的基本原则是防止或减少放射性物质进入体内。放射性物质进入体内的途径主要有呼吸吸入、口腔食入和皮肤进入三种。

（1）呼吸进入。简称吸入，指放射性物质，包括气体、气溶胶、蒸汽或微小液体、固体粉尘微粒等经过呼吸道被人体吸入。被吸入人体后，放射性气体一般依据其理化性质的不同，进入人体循环系统的数量有很大差别，有些立即被排出，有些则能进入肺部并全部进入血液；粒径较大的气溶胶可能被上呼吸道截留，只有粒径较小的气溶胶粒子才能进入肺泡而转入血液。

（2）口腔进入。简称食入，指放射性物质通过口腔进入人体。放射性物质通过食入途径进入人体，很少是因为食用或饮用受到放射性物质污染的食物或水，更多时候是因为手或手套接触放射性物质后无意触摸嘴角或嘴唇，从而导致放射性物质进入口腔而被食入。

（3）皮肤进入。简称皮入，指放射性物质通过皮肤创伤处直接进入或渗透皮肤进入人体血液。当皮肤破裂、被刺伤或擦伤时，放射性物质可能进入皮下组织，然后被体液所吸收。完好的皮肤是一道有效防止大部分放射性核素进入体内的屏障，但是氚水、碘蒸气、碘溶液或碘化物溶液可以透过完好的皮肤而被吸收。

针对不同的入体途径有各自具体的防护措施，防吸入的一般措施是要尽量防止和减少空气污染，并对已污染的空气要进行净化和稀释，降低空气中放射性核素的浓度到规定的水平；采用手套箱或通风柜操作放射性物质；使用个人防护用品等。防食入的一般措施是禁止在放射性工作场所进食、饮水和吸烟，并在操作放射性物质时，严格按要求戴手套，事后要认真洗手；不许穿工作服进入食堂和宿舍；防止食用水源受到污染等。防皮入的一般措施是皮肤发生创伤时，要妥善包扎好并戴上手套；不允许用有机溶剂洗手，避免增加皮肤的渗透性等。

3.7 放射性废物处理

前面介绍了核能、核技术、核武器发展应用过程中面临的电离辐射危害及辐射防护相关概念，在核能、核技术、核武器发展应用中还不可避免地会产生放射性废物。本节主要介绍放射性废物的来源、放射性废物的分类、放射性废物处理的基本原则、放射性废物处理的指标、放射性气体废物的处理、放射性液体废物的处理和放射性固体废物的处理方法。

3.7.1 放射性废物的来源与分类

国家标准中规定，放射性废物是指含有放射性核素或被放射性核素污染，其浓度或活度大于国家审管部门规定的清洁解控水平，并且预计不再利用的物质。废物的清洁解控水平是指由国家审管部门规定的，以放射性浓度、放射性比活度或总活度表示的一组值。放射性浓度、放射性比活度或污染水平不超过清洁解控水平的废物，不属于放射性废物。

放射性废物的来源广泛，所有操作、生产和使用放射性物质的活动，都有可能产生放射性废物，如核燃料循环过程，反应堆运行、放射性同位素生产、使用及核技术应用过程，核设施/核设备退役过程，核研究和开发活动，核武器研制、试验和生产活动等。在这些放射性废物当中，绝大多数产生于核燃料循环过程。核燃料循环过程中产生的放射性废物，从数量上讲，核燃料循环前段铀矿开采和水冶过程产生的矿冶废物最多；从放射性活度上讲，则主要集中于核燃料循环后段核燃料后处理废物中。在核燃料裂变过程中，99%以上的放射性物质包含在核燃料元件中；在核燃料后处理过程中，99%以上的放射性核素进入高放废液当中。因此，对乏燃料后处理过程产生的放射性废物的处理和整备十分必要。放射性废物来源不同，其中包含的放射性物质种类也有差别，如铀矿开采和水冶、铀精制和核燃料元件制造产生的废物主要是天然放射性物质，反应堆运行、核燃料后处理、核设施退役主要产生裂变产物和超铀产物，也会产生活化产物等。

放射性废物来源广泛，不仅其物态多样，放射性水平及所含主要的放射性核素也存在较大差异，因此必须对其进行分类，以便在此基础之上制定放射性废物的管理原则和方法。放射性废物的分类方法较多，一般是按照其放射性水平、物理状态、所含放射性同位素的半衰期以及辐射类型来分类。按其放射性水平可以分为高放废物（HLW）、中放废物（ILW）、低放废物（LLW）和极低放废物（VLLW）等。按其物理状态可以分为放射性气载废物、放射性液体废物和放射性固体废物。按其放出的射线种类可以分为 β/γ 放射性废物和 α 废物等，所谓 α 废物是指含有一种或多种锕系核素且含量超过规定限值的放射性废物。按其中的放射性核素的半衰期可以分为长寿命（或长半衰期）放射性核素、中等寿命（或中等半衰期）放射性核素和短寿命（或短半衰期）放射性核素等类型。另外，也可按照放射性废物处理的处置方式、来源、毒性来分类，如按处置方式可分为免管废物、可清洁解控废物、近地表处置废物、近地质处置废物等；按其来源可分为核电站废物、核燃料循环废物、核技术应用废物、退役废物等；按其毒性可以分为低毒性放射性废物（如天然铀、氚等）、中等毒性放射性废物（如 ^{137}Cs、^{131}I 等）、高毒性放射性废物（^{90}Sr、^{60}Co）、极毒性放射性废物（如 ^{226}Ra、^{239}Pu 等）。同时，对上述基本分类还可以进一步细分。例如放射性废液可以进一步分为有机废液、无机废液、含氚废液、酸性废液、碱性废液等；放射性固体废物可进一步分为有机固体废物（如工作服、塑料等）和无机固体废物（如钢铁、混凝土等）、可压缩废物和不可压缩废物等。

要采用哪种分类方式，应根据放射性废物的处理和处置的实际情况而定。国际原子能机构（IAEA）早在 1970 年就提出了放射性废物分类系统，将放射性废物按其物理状态、放射性水平划分为若干级，1994 年推荐了专门针对放射性固体废物的分类系统，基于放射性废物的处置目的对废物进行划分，在 2009 年又颁布了最新的放射性废物分类系统，该系统主要基于长期安全考虑，建立一个总的放射性废物分类图，将放射性废物分为豁免废物（EW）、极短寿命废物（VSLW）、极低放废物（VLLW）、低放废物（LLW）、中放废物（ILW）和高放废物（HLW）。

3.7.2 放射性废物处理的基本原则与指标

放射性废物管理是包括废物的产生、处理、整备、运输、贮存和处置在内的所有的行政和技术活动。从放射性废物管理体系图（图 3.1）可以看出，放射性废物管理过程中，可产生多种物料和流出物，如待处理的固体废物包、解控的废物、再循环和再利用的放射性物料、再循环和再利用的非放射性物料等。将这些物料从放射性废物管理系统中分离出来，对于实施放射性废物处理最小化具有重要意义。

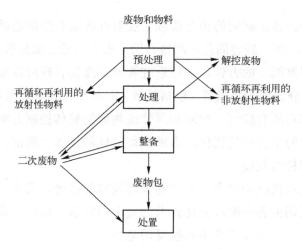

图 3.1 放射性废物管理体系图

我国于 2002 年发布了国家标准《放射性废物管理规定》，该标准除了遵循国际普遍适用的放射性废物处理与处置原则之外，还结合我国国情，提出了 8 条废物管理基本原则。

（1）保护人类健康。放射性废物管理应确保对工作人员和公众健康的影响达到可接受的水平。在确定辐射防护的可接受水平时应符合国家相关规定，并在考虑了经济和社会因素后，使发生照射的可能性、个人剂量的大小和受照的人数都保持在可合理达到的尽量低水平。在确定其他有毒物质危害的可接受水平时应符合国家相应标准的规定。

（2）保护环境。放射性废物管理应确保对环境的影响达到可接受的水平，并使废物管理各阶段放射性和非放有害物质向环境的释放保持在可以合理达到的尽量低的水平。

（3）保护后代。放射性废物管理，特别是废物处置、核设施退役和环境整治活动应保证对后代预期的健康影响不大于当今可接受的水平，同时不给后代留下不适当的负担。

（4）考虑境外影响。放射性废物管理应考虑对境外人员健康和环境的保护，并确保对其的影响不大于对自己境内已经判定可接受的水平。

（5）遵守国家法律和法规。放射性废物管理应在国家有关法律和法规体系的框架内进行（包括明确职责和具有独立审管职能），并遵守国家法律和法规。

（6）放射性废物产生的最小化。在一切核活动中，应控制废物的产生量，使其在放射性活度和体积两方面都保持在实际可达到的最小量。

（7）废物管理各步骤间的相互依赖。放射性废物管理应遵循"减少产生、分类收集、净化浓缩、减容固化、严格包装、安全运输、就地暂存、集中处置、控制排放、加强监测"的方针，实行系统管理。废物管理应以安全为目的，以处置为核心，充分发挥废物处置（包括排放）对整个废物管理系统的制约作用，废物管理应实施对所有废气、废液和固体废物流的整体控制方案的优化和对废物从产生到处置的全过程的优化，力求获得最佳的技术、经济、环境和社会效益，并有利于可持续发展。

（8）废物管理设施的安全。在废物管理设施的选址、设计、建造、运行及退役或处置场关闭的各个阶段应优先考虑安全的需求，以保证设施在其寿期内的安全，并保证公众不会遭受不可接受的危害。

放射性废物处理是放射性废物管理的重要措施。所谓放射性废物处理是指为了安全或经济目的而改变废物特性的操作，如衰变、净化、浓缩、减容、从废物中去除放射性核素和改变其组成等，其目标是降低废物的放射性水平或者危害，减少废物处置的体积。放射性废物的种类繁多，性质各异，因此应选择适当的处理方式进行处理。

放射性废物处理的指标主要有两个：一是去污因数，它是指放射性废物的原有的比放射性与其处理后的剩余比放射性之比；二是浓缩倍数，它是放射性废物的原体积与其处理后的放射性浓缩物体积之比。放射性废物的处理希望得到尽可能大的去污因数和浓缩倍数。浓缩倍数越大说明处理后产生的放射性浓缩物体积越小，贮存就越经济、越容易确保安全；去污因数越大意味着处理后废物的剩余放射性越小，排放就越安全。

3.7.3 放射性气体废物的处理

放射性气载废物按存在形式的不同可以分为放射性气体和放射性气溶胶两类，按其来源的不同可以分为工艺废气和排风废气两类。工艺废气指反应堆运行期间工艺设备中产生的气体流出物，包括一回路冷却剂和各系统泄漏水中逸出的放射性气体；排风废气主要是指反应堆、修理厂房和放射性废物处理车间等工作场所通风排出的放射性废气，如反应堆舱或安全壳中空气被活化产生的气体、换料和检修过程中释放的放射性气体等。

1．工艺废气的处理

工艺废气的主要成分是氢气、氮气和少量放射性惰性气体以及碘等。惰性气体中，除 ^{85}Kr 外，其他核素的半衰期都很短。产额最高的是 ^{133}Xe，半衰期为 5.29 天，其次是 ^{137}Xe 和 ^{89}Kr，半衰期只有几分。工艺废气处理最常用的方法就是贮存衰变法，即将废气（主要是工艺废气）压缩注入衰变箱中贮存 60~100 天，使废气中的短寿命核素基本衰变完，然后将净化气体排入大气中。另外一种处理工艺废气的方法是活性炭延滞法，它是使放射性气体通过活性炭，废气中裂变气体 Kr、Xe 由于连续地吸附、解吸过程而被延滞，得以充分衰变，使活性炭床出口处废气的放射性大大降低。气体的延滞时间与活性炭吸附剂重量、动态吸附系数和气体流量有关。

2．放射性气溶胶的处理

在一般情况下，能稳定地悬浮于空气中的细微颗粒称之为气溶胶。放射性气溶胶是气溶胶的一种，是指以细微颗粒的形式悬浮于空气中的不挥发放射性核素，在涉核工作场所中大量存在，对压水堆而言，主要是 Cs、Te、Mo、Ba 等核素。放射性气溶胶不仅在事故时有可能大量产生，就是在正常情况下也不可避免。直径为 5~500nm 的气溶胶颗粒往往是过饱和蒸汽的凝结核心，因而被称为凝核。1cm^3 干净空气中有 1000 个左右的凝核，在较脏的空气中此数可达 10 万个以上。在放射性厂房中，普通气溶胶和放射性气溶胶混在一起，欲除去放射性气溶胶，必须同时除去普通气溶胶。

依照颗粒大小，可将气溶胶分为三组：粗气溶胶（0.5~1.0μm）、胶体气溶胶（5~500nm）和分子气溶胶（1~5nm）。依照产生的途径，气溶胶又可分为弥散性和凝结性两种。弥散性气溶胶是由固体或液体的分散或雾化造成的。凝结性气溶胶是由过饱和蒸汽凝结而成的，如高温蒸汽凝结生成的雾状物，碘、钌和碲的氧化物蒸汽凝成的固体微粒等。除上述成因外，放射性气溶胶微粒的形成还有两个特殊原因：一个是非放射性气溶胶的活化，如反应堆腔空气中气溶胶的活化；另一个是放射性气体的衰变和吸附，如 ^{137}Xe 衰变成 ^{137}Cs 而被吸着在非放射性气溶胶微粒之上。

放射性气溶胶对人体的危害很大，它不仅造成外照射，而且能被吸入体内，引起内照射。正常人每分呼吸 8~16 次，换气速度 5~8L/min，体力劳动时的换气速度还可能增加 4~6 倍。因此，人通过呼吸吸入的气溶胶量是很大的。相比之下，一个人一天的需水量仅为 2.5L 左右，所以防护规程中对空气中放射性浓度的限制要比对水中的严格得多。进入人体的放射性气溶胶，首先对肺以及流经肺部的血液有破坏作用，并且可能被吸收而转移到其他各种器官。1kg 泄漏的一回路冷却剂如果成为气溶胶,能使1000m³以上的空气超过放射防护标准。如果一回路发生严重事故,尽管安全喷淋系统能有效地降低裂变产物的浓度,但喷淋液本身会形成大量的气溶胶。

放射性气溶胶一般采用高效空气过滤器来进行净化。高效空气过滤介质都是用天然或人造纤维制成的。用大量极细的(直径由几微米到几十微米)纤维无序地铺成一定密度和厚度的过滤层,能有效地除去气溶胶。纤维过滤的原理远不仅仅是一般想象的细孔隙对较大微粒的机械阻留,而主要在于纤维对微粒的粘附作用。

3. 挥发碘的去除

厂房通风废气中的挥发碘可能以无机碘、有机碘化物等多种形式存在(如I_2、I^-、I_2、I_3^-、HI、HOI、CH_3I、C_2H_5I 等)。通风系统中通常用除碘过滤器来去除挥发碘。除碘过滤器内装填沸石、浸渍硝酸银硅胶、活性氧化铝和活性炭等固体吸附剂。通常,无机碘很容易被活性炭去除,而有机碘较难去除,在相同条件下仅为元素碘的一半。为了提高活性炭对有机碘的去除效率,可以用碘盐或能与有机碘发生反应的物质浸渍活性炭,即用碘盐或碘试剂的溶液浸泡活性炭,将浸泡过的活性炭加以干燥后,用作吸附剂。碘盐浸渍的除碘原理在于碘的同位素交换,即将空气中的放射性碘用活性炭浸渍物的非放射性碘来替代。

$$CH_3I^*(空气)+I^-(活性炭) \rightarrow CH_3I(空气) + I^{-*}(活性炭)$$

而用除碘试剂浸渍的除碘原理,是基于浸渍物与空气中碘的化学反应。例如用硝酸银浸渍活性炭,则发生如下反应:

$$2I^- + 2AgNO_3 \rightarrow 2AgI\downarrow +2NO_2\uparrow +O_2\uparrow$$

3.7.4 放射性废液的处理

以核动力装置为代表,反应堆在运行、维修和退役各个环节都会产生不同类型的放射性废液,主要有以下4类。

(1)低放废液。低放废液主要来源于反应堆启动时冷却剂的膨胀排水、冷却剂的泄漏、取样系统冲洗水和一次屏蔽水箱排水等。废水中的放射性核素主要为 ^{54}Mn、^{55}Fe、^{60}Co 和 ^{63}Ni 等活化腐蚀产物。此外,还可能含有一定量的 ^{134}Cs 和 ^{137}Cs。^{137}Cs 是裂变产物,是包壳、管道等结构材料中的微量铀辐照后裂变产生的。

（2）含油废液。反应堆堆舱和其他舱段内会有一些废水依靠自身重力汇集在舱底，即舱底水。舱底水由于夹杂有工艺设备泄漏的柴油或滑油等，其含油量通常超过直接排放的标准，另外还可能具有一定的放射性。在对舱底水进行蒸发或离子交换处理前，需要将其中的油分去除。

（3）去污废液。去污废液中除了含有放射性核素外，还含有浓度比较高的草酸、柠檬酸氢二铵、高锰酸钾和氢氧化钠等去污剂成分，情况比较复杂。

（4）含硼废液。含硼废液一般只在事故情况下才产生，废液中硼酸浓度较高，由于硼酸的性质比较特殊，在进行蒸发处理前，要对废液进行加碱调节处理。

蒸发浓缩法是处理放射性废液最常用的方法之一。它是借助于热源将放射性废水送入蒸发器中进行加热，水分汽化后变成二次蒸汽逸出，除少量易挥发性核素一起进入蒸汽和少量放射性核素被雾沫夹带出去外，绝大部分放射性核素被保留在蒸发浓缩物（蒸残液）中。为了使二次蒸汽带出的放射性核素尽可能的少，常采用旋风分离器、泡罩塔等设备分离二次蒸汽中的夹带物，然后进行冷凝获得净化冷凝液。如果冷凝液的放射性水平没有达标，则通常用离子交换、膜分离技术进行深度处理。蒸发法的优点就在于其去污系数一般比其他大部分方法要高，通常单效蒸发器处理只含有难挥发性放射性污染物的废水时，其去污因数可达到 10^4 以上（在许多情况下大于 10^5），而多效蒸发器和带有雾沫分离装置的蒸发器则能达到更高的去污因数（$10^6 \sim 10^8$）。蒸发法的缺点是消耗的热能大，处理费用高，系统比较复杂，维护保养不易，特别是对于挥发性组分是不适用的。蒸发法最适于处理总固体含量高以及要求去污因数高的废液。如果用于处理大批量的低放废水时，则要从经济上慎重考虑。

离子交换法是利用离子交换剂带有的功能基团与废水中以离子态存在的放射性核素之间发生离子交换反应，从而将放射性核素浓集在离子交换剂中的处理方法。常用的离子交换剂有沸石、分子筛和离子交换树脂等，其中以离子交换树脂的应用最为广泛。离子交换法适用于悬浮物少、含盐量低的废水的处理，去污因数在 $10 \sim 10^4$ 之间，平均可达到 $10^2 \sim 10^3$。离子交换法的优点是工艺成熟、操作简便、可适于连续运行和自动化操作，在没有非放射性离子干扰的情况下，离子交换树脂能够长时间工作而不会失效。缺点是常用的离子交换树脂的耐热性和抗辐照性能有限，对进水含盐量和悬浮物含量有限制。

膜分离技术是一种利用介于两相（液－液或气－液）之间一层薄膜，而不同物质因选择性透过这层薄膜而得到分离的一种高效、简单、经济的分离技术。

膜分离技术具备无相变、常温进行、分离粒度小、可分离共沸物、装置简单、操作及维护方便等特点。反渗透法是 20 世纪 60 年代发展起来的，是分离粒径最小的膜分离技术，最早用于苦咸水的淡化，目前已用于处理核电站等设施产生的低放废液。

  反渗透是在高于渗透压差的压力作用下，使纯水通过半透膜进入膜的低压侧，而水中的盐分离子被阻挡在膜的高压侧并随浓缩水排出，从而达到有效分离的过程。当把净化水和废水置于一张只允许水分子通过而不许盐分离子通过的半透膜的两侧时，水分子会自发地从净化水侧透过膜向废水侧迁移，这就是渗透过程；当渗透过程达到平衡时，两侧的液位差对应的压力就是渗透压；如果在废水侧施加一个大于渗透压的压力，则可以驱使一部分水分子沿渗透相反的方向穿过膜进入净化水侧，溶质留在溶液一侧，这种作用即为反渗透。

  反渗透膜在使用过程中，可能发生污染、浓差极化、结垢、微生物侵蚀、水解、氧化、压密和高温变质等，为了保证反渗透装置长期稳定运行，对反渗透装置的进水质量有较为严格的规定。

  螺旋卷式膜反渗透组件是当前流行的反渗透膜使用方式。两张膜透过面相向地叠在一起，中间插入一层多孔收水网，将三边密封，形成内装收水网的信封式膜袋。用壁面有许多小孔，两端具有连接件的管子作为中心管。将从"信封"中伸出的收水隔网先绕中心管一圈，然后将"信封"口粘合，在上面置一层给水隔网，一起绕在中心管上，就构成了螺旋卷式元件。放射性废液从膜的组件一端泵入，在夹在两张膜之间的的隔网所提供的间隙中流动，以错流的方式透过膜后的透过液沿着隔网提供的流道汇集到多孔的透过液中央管内，未透过的废液则被浓缩而最终在膜组件的另一端排出。螺旋卷式反渗透膜组建的优点是单位体积内膜的装载面积大、结构紧凑、占地面积小，缺点是容易堵、清洗困难，对预处理要求严格。

3.7.5 放射性固体废物的处理

  固体废物按照压缩性分为可压缩废物和不可压缩废物，按能否燃烧分为可燃废物和不可燃废物，按是否含有水分分为干固体废物和湿固体废物。在反应堆维修保障活动中，一般按第一种方式对固体废物进行分类、收集和处理。

  可压缩废物主要来源于工作人员的劳动和辐射防护用品以及拆除的泡沫塑料、玻璃棉、橡胶、塑料布、石棉布等。不可压缩废物包括废树脂、检修过程中更换下来的阀门、管件和设备零部件等，以及去污等作业过程中产生或收集的铁锈、焊渣、切屑、泥浆、砂、小件金属和少量的塑料制品等。

放射性固体废物处理技术经过几十年的发展，已经开发出了多种放射性固体废物处理技术，如废金属熔炼、可燃固体废物燃烧、压缩、湿法氧化、熔盐氧化、等离子体处理等，其中一些技术已经得到工业规模应用。根据固体废物特性的不同，目前主要采取三种方式进行处理：对可压缩废物进行压缩装桶、对废树脂进行水泥固化、对小件不可压缩废物进行水泥固定。

压缩分为桶内压缩和超级压缩，桶内压缩机属于低压压缩机，压力一般在 100～5000kN，主要用于被污染的工作服、口罩、手套、纸张、玻璃器皿、保温材料等废物的压缩。优点是设备投资低，占地面积小；缺点是施加的压力较低（几十吨），减容系数小（一般为 3～6），不能处理工具、阀门和金属部件等废物。某些情况下，桶内压缩可以作为超级压缩的预压缩。桶内压缩操作比较简单，多用于放射性固体废物生产现场，其目的是将现场产生的放射性固体废物压缩，以便于废物的包装和运输。

超级压缩的操作方式与桶内压缩不同，在压缩处理放射性废物时，它是将废物桶及其内的固体废物一起压缩成稳定的压缩饼。它的压力很高（大于 1000kN），固体废物可被压缩至其理论密度。超级压缩可以处理各类固体废物，尤其适用于金属管道、阀门、经过切割解体的金属固体、混凝土块、废建筑物材料等。它具有减容系数高、操作简单、自动化程度高等优点，一般多在处置场或贮存库中使用。其缺点是投资高、占地面积大、维修工作量多。

一回路净化系统排出的放射性废树脂和废液处理过程中产生的废树脂均采用水泥固化的方式进行处理。水泥固化的基本操作是将水泥与废树脂按一定比例混合，在常温下硬化成废物固化体。在物料混合过程中，水泥中的组分与水发生一系列的水化反应，释放出热量。反应产物首先形成胶状分散物"溶胶"，随后经过几小时，溶胶聚结成凝胶而逐步沉淀。随后凝胶开始生成结晶，并最终致使水泥硬化，该过程称为养护。废物中的放射性核素随之被包容在硬化了的水泥块中。低中放废物水泥固化是一项较成熟的处理技术，几十年来被世界各国广泛采用。

水泥固化工艺的优点是方法成熟，过程简单，操作方便、安全（常温操作）；水泥原料易得、价低，固化过程能耗小；但是水泥固化后的固化体体积增大，对于高含盐量的废物，盐分会干扰水泥的水化反应，使水泥凝固不充分和使固化体在储存过程中变质而降低其机械强度。

不可压缩废物也可利用水泥来进行固定处理，从软废物压缩装桶生产线分拣出的小件不可压缩废物先装入 200L 钢桶内，向桶内浇入预先搅拌均匀的水泥灰浆，待水泥浆充满桶内各个角落，再加入灰浆，至填满为止，最后将桶封盖后送入固化桶暂存区暂存。

工程实践中，放射性废物的处理方法往往并不是单一使用的，而是互相配合着使用，这样才能达到更好的处理效果，相信随着科技的不断进步，会有更好、更合理的放射性废物处理技术得到开发和应用。

思 考 题

1. 天然辐射的来源主要有哪些？
2. γ射线与物质作用时主要有哪三种效应？工程实践中屏蔽γ射线的常用材料有哪些？
3. 中子与物质作用的主要特点有哪些？工程实践中屏蔽中子的常用材料有哪些？
4. 如何表示放射性液体或气体的放射性水平？其单位是什么？
5. 被放射性物质污染的设备或地面表面的放射性如何表示？其单位是什么？
6. 外照射辐射水平的高低一般用什么物理量表示？
7. 何谓随机性效应和确定性效应？各有哪些特征？分别各举一例。
8. 简述辐射防护三原则的内涵要义。
9. 内照射危害有哪些特点？与哪些因素有关？
10. 内照射防护的基本原则是什么？有哪些常用措施？
11. 放射性废物的来源有哪些？
12. 放射性废物处理的原则是什么？常用的处理指标有哪些？

第4章 核武器核安全

随着核力量的发展，核武器的安全也需要重点关注。本章将简要介绍核武器及其安全问题。核武器是指利用重原子核裂变或轻原子核自持聚变反应，瞬时释放巨大能量而产生爆炸，对目标实施大规模杀伤破坏作用的武器。核武器在实战中使用仅有两次：1945年8月6日，一枚代号"小男孩"的原子弹在日本广岛上空爆炸；同年8月9日另一枚代号"胖子"的原子弹在日本长崎上空爆炸。但核武器在它诞生以来的七十多年里对世界产生了巨大的影响。

4.1 原子弹的结构原理

核武器主要有两种基本类型，即原子弹和氢弹。原子弹是裂变武器的通称，是利用铀、钚等重原子核链式裂变反应，瞬时释放出巨大能量的核武器。对于原子弹的定义，有两点需要注意：一是裂变反应，裂变反应是原子弹与常规武器的本质区别；二是瞬时放能，原子弹与核反应堆的共同点是依靠裂变反应释放能量，瞬时放能是原子弹与核反应堆的显著区别。

原子弹的细致结构至今仍是各国严格保密的，但它的基本原理却广为人知。原子弹利用重原子核的链式裂变反应释放能量，原子核裂变反应能量远远大于普通的炸药爆炸，1kg 的 ^{235}U 完全裂变时，释放的能量相当于2万t TNT 爆炸释放的能量。但链式裂变反应的启动和自持需要严苛的条件：一是核材料要由次临界状态迅速转换到超临界状态；二是需要适时注入足够数量的中子，引发链式裂变反应。

原子弹的实现应当重点解决的问题是核材料临界状态转换和点火中子的来源，原子弹实现的基本思路为：起爆前使裂变材料保持在次临界状态，并且尽量是深度次临界状态，这是平时安全的需要；起爆时使裂变材料迅速达到高超临界状态，当系统处在最佳中子点火状态（一般为最高超临界度）时，适时注入足够数量的中子，引发链式裂变反应，这是可靠引爆核武器的需要。

在已有的核武器设计中，实现临界状态的转换重点是改变核材料的质量和核材料的密度。改变核材料的质量和核材料的密度这两条思路，代表了原子弹的两种基本类型，即枪式原子弹和内爆式原子弹。

4.1.1 枪式原子弹

当前，原子弹的基本结构已逐渐透露出来，尤其是美国最早生产的两种类型原子弹，其中"小男孩"就是最早的枪式原子弹。

枪式原子弹通过拼合核材料使其由次临界状态转换到超临界状态，核材料平时分开放置且各自处于次临界状态，引爆时通过炸药推动等手段使两块或者多块核材料迅速拼合在一起使整体达到超临界状态。图4.1为枪式原子弹示意图。

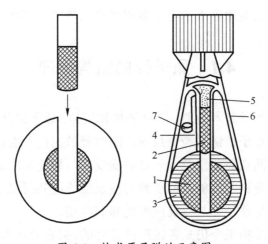

图 4.1 枪式原子弹的示意图

1—铀靶；2—"炮弹"铀块；3—中子反射层；4—导向槽；5—炸药；6—原子弹外壳；7—雷管。

枪式原子弹最主要部件包括：

（1）核材料。主要是 ^{235}U 材料，包括炮弹铀块和铀靶，在起爆前两块裂变材料（^{235}U）分开放置，各自处于次临界态。

枪式原子弹主要用 ^{235}U 材料是有原因的：钚材料中的 ^{240}Pu，自发裂变率远远超过了其他同位素，导致钚材料游散中子多，钚的这一特点使它不能用在合拢时间相对较长的枪式原子弹中。

（2）雷管和炸药。雷管引爆炸药，依靠火药的推力，使两块核材料迅速拼合在一起，整个系统于是处于超临界态。

炸药爆炸推动炮弹铀块射向铀靶，就像枪炮一样，而发射炮弹的技术是早就掌握了的。

（3）钋—铍中子源。早期原子弹主要选用钋—铍接触式中子源。^{210}Po 是 α 粒子的强发射体，会自发衰变产生 ^{206}Pb 和 α 粒子。

$$^{210}_{84}Po \rightarrow\ ^{210}_{84}Pb + ^{4}_{2}He + Q$$

α 粒子轰击 ^{9}Be 就能产生中子，但这种反应的概率很小，为保证瞬时点火，对中子源中的钋的量有相应的要求。

$$^9Be + \alpha \rightarrow\ ^8Be + n + ^4He$$

钋、铍在原子弹引爆前分开放置在炮弹铀块和铀靶上，当它们合拢时，钋与铍就混合在一起放出点火中子。

（4）其他部件。如中子反射层、惰层等，起到了辅助的作用，在系统从次临界到高超临界这段过渡时间里，尽量减少中子进入的可能性；链式反应发生后尽量延长系统保持在一起的时间，使系统在解体前有尽可能多的裂变材料发生裂变，保证核武器功能的实现。

枪式原子弹爆炸过程并不复杂，首先是雷管引爆炸药，炸药爆炸推动炮弹铀块经导向槽射向铀靶，核材料拼合达到超临界状态。此时，引爆雷管和炸药，使铀块和铀靶上的钋和铍混合在一起，^{210}Po 释放的 α 粒子轰击 ^{9}Be 产生中子，点火中子启动链式裂变反应。随着大量原子核裂变、巨大能量的释放，终于使系统解体，直至不再释放能量。这是枪式原子弹爆炸的基本过程。

枪式原子弹的优点是：

（1）技术简单，发射炮弹技术是早就掌握的，几乎没有技术难点，所以"小男孩"在投入实战之前都没有进行过同类型原子弹的核试验。

（2）直径可做得很小。原子炮弹由于受炮筒直径的限制，常用枪法制造。南非爆炸的一枚原子弹就是枪法的，用了 55kg 富集铀。穿地弹要求做得细长，也曾采用枪法设计。

但是枪式原子弹也有它的缺点：

（1）因为对核材料未加压缩，需要用大量裂变材料，"小男孩"原子弹共用了 64kg 高浓缩铀，铀的分离难度大，64kg 是巨大的消耗。

（2）枪式原子弹核材料利用效率低，即实际上发生裂变的裂变材料质量与裂变材料装量之比很低，"小男孩"仅为 1.3%。

（3）拼合时间相对较长，过早点火问题严重。

4.1.2 内爆式原子弹

内爆式原子弹和枪式原子弹本质上的区别在于核材料临界状态转换的方式不同。核材料系统的临界状态与材料密度密切相关，内爆式原子弹通过压缩核材料使其达到超临界状态。在通常的情况下，我们认为液体和固体都是不可压缩的，但是，如果压力足够大，像铀、钚这样的金属也是可以被压缩的。图 4.2 为内爆式原子弹原理示意图。

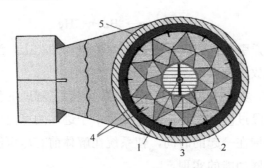

图 4.2　内爆式原子弹原理示意图
1—中子源；2—钚材料；3—中子反射层；4—内爆炸药系统；5—雷管。

内爆式原子弹的主要部件包括：

（1）核材料。主要是 ^{239}Pu 材料，内爆式原子弹的裂变材料并没有分开放置，但整个核材料系统处于次临界状态；主要选用钚材料的原因是 ^{239}Pu 相比 ^{235}U，在中子的轰击下发生裂变反应的概率更高，而且平均每次裂变反应释放的中子更多。

（2）内爆系统。精密设计的炸药系统，起爆时通过球面聚心爆轰波压缩核材料使整个系统于是处于超临界态。这个精密设计的炸药系统在内爆式原子弹中十分关键，它产生的波形的好坏将直接影响内爆压缩的好坏，因此将影响武器的效率，甚至影响成败。

（3）中子源。早期的内爆式原子弹点火同样使用钋—铍中子源，在这里钋—铍中子源的钋和铍在爆炸前无法分开放置，在钋和铍中间加了一层薄膜，防止钋或外面的钚发射的 α 粒子射入铍。当内爆冲击波到达中子源区后，使钋与铍迅速混合在一起，可以释放中子。

（4）其他部件。如中子反射层、惰层，起到辅助的作用在系统从次临界到高超临界这段过渡时间里，尽量减少中子进入的可能性；链式反应发生后尽量延长系统保持在一起的时间,使系统在解体前有尽可能多的裂变材料发生裂变,保证核武器功能的实现。

内爆式原子弹爆炸主要经过以下几个阶段:

(1)内爆压缩。当引爆控制系统将雷管点火后,先引爆传爆药柱,随着爆轰波的向前传播,波形逐步调整为球面聚心爆轰波,强烈压缩核材料系统,使其从次临界态迅速过渡到高超临界态。

(2)中子点火。当冲击波到达球心时,裂变芯的密度压缩到了2倍以上,裂变系统接近最大超临界状态,这时应及时注入足够数量的中子,引发链式裂变反应。

(3)指数增殖。由于链式裂变反应呈指数增长规律,随着中子的增殖,系统必然要放出核能,使系统温度、压力急剧增高,系统90%以上的能量都在这个阶段释放。

(4)系统解体。随着大量原子核裂变、巨大能量的释放,终于使系统解体,反应停止,这个过程中也有少量能量释放。从内爆压缩到系统解体,整个过程在几十微秒之内完成。

相对于枪式原子弹,内爆式原子弹的缺点体现在:

(1)技术要求高,必须研制有效的内爆系统与中子源,内爆系统的些许偏差就可能影响武器的效率,甚至影响成败。

(2)加工、装配的精度要求很高,否则会影响内爆对称性,从而影响压缩密度与武器效率。

但内爆式原子弹的优点更加明显:

(1)内爆时间很短,允许采用高自发裂变材料钚。内爆式一般情况从临界到最大超临界时间为 $2\sim3\mu s$,过早点火的概率降低,"胖子"原子弹为 $4.7\mu s$,而枪法情况下拼合时间约 $1ms$。

(2)核材料用量减少,使用效率高,胖子原子弹仅消耗 $6.2kg$ 高浓缩钚,裂变效率也达到 13%,这样使效率比枪式原子弹高 1 个量级,裂变材料用量也比枪式原子弹少得多。

(3)安全性更好,内爆式原子弹的安全性体现在核材料达到超临界状态的难度极大提高,要利用常规手段把金属钚材料密度压缩到正常情况下的两倍,难度极大,核临界或者核爆炸的可能性将大大降低。

随着科学技术的发展,原子弹诞生后也有很多改进,但基础都是这两种基本类型的原子弹。原子弹是兵器史上的巨大飞跃,对国际局势产生了深远的影响。1945年7月16日，美国成功试验第一颗原子弹，在美国研制出第一颗原子弹之后的二十年间，苏联、英国、法国、中国先后研制出了自己的原子弹，这五个国家成为世界上公认的有核国家，也是联合国安理会的五个常任理事国。

4.2 氢弹的结构原理

氢弹是主要利用氘、氚等轻原子核的自持聚变反应瞬间放出巨大能量的核武器。从能量来源上看，同样质量的氘氚聚变反应释放的能量约为铀钚裂变反应的4倍，氢弹可以成为比原子弹威力更大的核武器。但是，氢弹设计和制造的难度远远高于原子弹，原因在于聚变反应发生的条件十分苛刻。

聚变反应要求两个轻原子核接近到原子核半径的尺度，在两个原子核接近的过程中需要克服强大的库仑势垒。如果是少量的聚变材料，可以通过粒子加速器实现聚变反应。对于大量的聚变材料，只有靠将大量的聚变材料温度升高到数百万度，也就是说当轻原子核温度升高获得足够动能后，且密度足够高时，相互之间的碰撞才有可能发生聚变反应。在地球上要使大量物质达到数百万摄氏度的高温，只有原子弹出现后才有可能，所以到目前为止氢弹的引爆还得依靠原子弹。

对于氢弹结构的具体细节，至今也是严格保密的，但基本原理是公开的，下列各条是美国氢弹设计或运作过程的基本特性：

（1）级与级分开：一个完全分开的裂变爆炸级和一个热核材料部件级，它们的中心在分开的点上。

（2）辐射耦合：第一级产生的热辐射从通道传输去点燃第二级。

（3）压缩：为了达到最大威力，热核燃料部件在点火前先被内爆压缩。

根据这一设计思想，氢弹的主要部件有：

（1）裂变初级。是一个纯裂变或助爆裂变的放能部件，简单说就是一枚原子弹，爆炸产生能量为聚变反应创造条件。

（2）聚变次级。是一个与裂变初级分开放置的，含氘、氚等聚变材料（一般也含裂变材料）的部件，它是热核武器的主要放能部件。

（3）辐射屏蔽壳。是包在裂变初级与次级外面的，用热辐射穿不透的重材料制作的外壳。其作用是把裂变初级放出的热辐射包围在里面。

（4）辐射通道。是辐射屏蔽壳与次级推进层之间的辐射通道，裂变初级放出的热辐射通过辐射通道到达次级。

氢弹爆炸的过程是从作为裂变初级的原子弹爆炸开始的，主要包括以下几个过程。

（1）裂变初级爆炸。作为裂变初级的原子弹爆炸过程我们已经了解，裂变弹中中心温度很高，可达上千万摄氏度，这时光辐射占有绝大部分能量。

（2）辐射传输。裂变初级的辐射能经由辐射通道向氢弹次级传输。

（3）辐射内爆压缩。辐射能在次级形成高温高压压缩次级内部的各层物质，次级中的聚变材料、裂变材料都被压缩至高密度。次级的裂变材料达到超临界状态，裂变放能促进聚变反应的发生。

（4）次级主体能量释放。在氢弹中，次级中的聚变反应是起主导作用的，被内爆压缩的聚变燃料点火后，聚变反应迅速发展。

（5）解体。次级的聚变反应和裂变反应释放大量能量，使整个核材料系统迅速膨胀，密度下降，反应随即停止，系统解体。

1952年11月1日，美国进行了世界上首次氢弹原理试验，试验装置以液态氘为聚变材料，爆炸威力约为1000万t TNT当量，但该装置连同液氘冷却系统质量约为65t，难以作为武器使用。苏联于1955年11月22日进行了氢弹试验，试验中使用了氘化锂作为聚变材料，因而质量和体积相对较小，便于用飞机或导弹投送。

氢弹是核武器发展的2.0版本，相对于原子弹有以下显著的特点：

（1）比较便宜。氢弹主要以聚变材料为燃料，同样质量的聚变材料不但放能比裂变材料多3倍以上，生产成本也比裂变材料低。因为^{235}U与^{238}U的质量只差1.3%，而^{6}Li与^{7}Li质量相差达14%，所以后两种同位素分离要容易得多。

（2）比较干净。裂变产物中有许多放射性核的寿命很长，很难处理。聚变产物中，^{4}He是稳定核，所生成的氚虽是放射性的，但因为易于"燃烧"，所剩无几。所以尽量减少氢弹次级中裂变能量的份额，就能制成比较"干净"的核武器。某些防御性武器或核爆炸的和平利用，往往有这样的要求。

（3）威力不受临界质量限制。裂变武器的威力受到临界质量的限制，氢弹的威力原则上没有限制。世界上爆炸过的原子弹中，威力最大的是50万t TNT。爆炸过的氢弹中，威力最大的是5000万t TNT。

（4）可制成特殊性能的核武器。通过改变氢弹次级的设计就可以增强或削弱其某种杀伤破坏因素,使核武器更好地满足各种作战需要。

氢弹是一种有巨大杀伤破坏力的武器。美、苏等国在掌握了氢弹原理之后,都不惜花费巨大的人力物力来提升它的性能。总的来说,对氢弹的研究与改进主要在以下几个方面:①提高威力,实现小型化;②提高突防能力、生存能力和安全性能;③研制各种特殊性能的氢弹。

4.3 核武器的杀伤破坏效应

根据核武器爆炸时相对于地面或水面的位置,爆炸方式分为空中核爆炸、高空核爆炸、地面核爆炸、地下核爆炸和水下核爆炸。空中核爆炸发生后,一般先是在大气层产生发光火球,继而发展成蘑菇云,这是核爆炸的典型景象。

火球。核武器在距地面一定高度的空中爆炸时,高温高压弹体迅猛向四周膨胀并以X射线辐射加热周围的冷空气。加热、增压后的热空气团是一个温度大致均匀的球体,并且温度、压强具有突变的锋面,这个热空气团就是我们能观测到的火球。

蘑菇云。即火球熄灭后形成上升的烟云。冲击波在爆心投影点附近地面的反射和负压力的抽吸作用使得地面掀起巨大尘柱,上升的尘柱和烟云相衔接,形成高大蘑菇状烟云(简称蘑菇云)。需要说明的是,并不是所有的核爆炸都会形成蘑菇云,形成蘑菇云的一般是比较低的空中核爆炸。

当核武器内核反应过程结束时产生的温度高达数百万摄氏度,压力达上千万个大气压的高温高压气团,这个气团向外迅猛膨胀,同时发射X射线,加热周围的空气,使被加热的空气成为高温高压气团的外层,这个又膨胀又发光的气团就是"比一千个太阳还要亮"的火球。火球加热外层空气的过程逐渐变慢,但是仍然有相当大的一部分光辐射向外发射,造成人员烧伤和物体烧毁,这就是核爆炸的主要杀伤破坏因素之一的光辐射,也称热辐射。

火球发展变慢,但高压气团仍迅速向四周膨胀,压缩空气形成以超声速的速度向外传播的冲击波。当冲击波遇到地面时遭到反射,使地面发生变形,或者形成弹坑,同时反射后的冲击波以爆心投影点为球心的球面向外传播,直到逐渐减弱成声波为止。冲击波是核爆炸的第二个杀伤破坏因素。火球熄灭后成烟云,它和由冲击波地面反射后生成的尘柱相衔接,形成稳定的高大蘑菇状烟云,而后随高空风向下风方向飘移扩散,数天后才会在地球表面逐渐消失。

核爆炸的发展过程与炸药爆炸有相似之处，但核爆炸要猛烈得多。例如炸药爆炸形成的火球温度仅千余摄氏度，而核爆炸火球表面温度则高达万摄氏度以上，火球的大小也相差很大，因此从外观景象上看差得很多。

与炸药爆炸相比，核爆炸独有的特点是"核辐射"。核反应在进行的过程中就向外放出 α 粒子、β 粒子、中子和 γ 射线。但能穿出弹体和空气到达一定距离，造成伤害人员的只有中子和 γ 射线，这二者就是核爆炸特有的杀伤破坏因素。因这一部分辐射主要在爆炸后一段时间内起作用，通常称为早期核辐射。不论是原子弹还是氢弹爆炸后都要剩余一部分裂变材料，它和裂变所产生的碎片都能向外发射 β 粒子和 γ 射线，这部分核辐射称为剩余辐射。核爆炸产生的第四种杀伤破坏因素是放射性沾染。一旦遭到放射性沾染，同样可以伤害人员与环境，且放射性沾染将在长时间内对被沾染的区域起着杀伤作用。

还有一个对人员不会造成伤害，但对指挥、通信、计算机和信息系统可能造成破坏和干扰的破坏因素——核电磁脉冲。它是伴随核爆炸 γ 射线产生的，且它的影响范围比 γ 射线作用范围大得多。

总之，核爆炸是通过冲击波、光辐射、早期核辐射、核电磁脉冲和放射性沾染等效应对人体和物体起杀伤和破坏作用的。前四者都只在爆炸后几十秒钟的短时间内起作用，后者能持续几十天甚至更长时间。

在大气层核爆炸情况下，裂变武器的爆炸能量中，冲击波约占 50%，光辐射约占 35%，早期核辐射约占 5%，放射性沾染的剩余核辐射约占 10%，核电磁脉冲仅占 0.1%左右；对于主要为聚变反应的核武器，剩余核辐射所占的比例则少得多。

核爆炸的杀伤和破坏程度同爆炸威力有关。当量在百万吨 TNT 以上大威力的空中爆炸，起毁伤作用的主要是光辐射和冲击波，光辐射的范围尤其大，对城市还会造成大面积的火灾。当量在万吨 TNT 的低威力空中爆炸，则以早期核辐射的杀伤范围最大，冲击波次之，光辐射最小。空中爆炸一般只能摧毁较脆弱的目标，地面爆炸才能摧毁坚固的目标，如地下工事、导弹发射井等。触地爆炸形成弹坑，可破坏约两倍于弹坑范围内的地下工事，摧毁爆点附近的地面硬目标，但对脆弱目标的破坏范围则比空爆小得多。

核爆炸的光辐射效应是核爆炸所引起的光辐射，在本质上与 TNT 炸药爆炸的光辐射相类似，并不是核武器特有的杀伤破坏因素。核爆光辐射与常规爆炸光辐射的差别主要在威力上，核爆炸的威力远远大于常规爆炸，所以核爆光辐射也比普通炸弹的猛烈得多。

4.3.1 冲击波效应

核爆炸的冲击波是核武器的主要杀伤因素，它所带走的能量约占核爆炸总能量的一半，因此，在军事上衡量核爆炸的杀伤破坏效果，通常以冲击波的杀伤破坏半径为标准。核爆炸冲击波在本质上与 TNT 炸药爆炸的冲击波相类似，并不是核武器特有的杀伤破坏因素。

1) 冲击波的杀伤破坏作用

冲击波对人体的杀伤作用，可区分为两个相连续的作用过程：第一过程是人员遭到冲击波波阵面的突然冲击，此时冲击波迅速传入体内，主要是超压的作用而使人致伤，这个过程时间极短，约为十分之几毫秒；接着为第二个过程，基本上是压缩区通过的过程，人员遭受动压的损伤，这个过程的持续时间较长，相当于第一个过程的数百倍至数千倍以上。

（1）冲击波超压和负压对人体的直接作用。

单纯的超压和负压作用，一般不会造成体表损伤，主要是伤及心、肺、胃肠道、膀胱、听觉器官（鼓膜）等含气体或液体的脏器，以及密度不同的组织之间的连接部分。在这些脏器或部位中，肺和听觉器官最易发生损伤。

（2）冲击波动压的抛掷和撞击作用。

人体在受到冲击波作用时，朝向爆心一侧的体表承受的压力相当于超压和动压的总和，两侧所受到的压力相当于冲击波波阵面的超压，而反方向的一侧所受的压力就更小。由于人体四周出现的这种压力差，因而产生与地面平行而离开爆心的位移力。在人体被"吹动"的过程中，其上方空气的稀疏性较下方为高，因而形成了一股向上举起的力量。向上举和向前方推的力的复合作用，结果引起了人体被抛掷。在冲击波波阵面超压为 5×10^4Pa 时，空气的运动速度可达 100m/s，此时冲击波动压能将地面的人抛出数十米之远。

（3）冲击波对人员的间接杀伤作用。

冲击波对人员的间接杀伤，主要有两个方面的情况：一是在冲击波作用下，引起的石块、瓦片、碎玻璃等的飞射，击中人体而致伤；二是建筑物、工事等被冲击波破坏、倒塌，使人体受到打击或压、砸而致伤。冲击波的间接杀伤可造成体表软组织撕裂、内脏破裂、出血、骨折、挤压伤和颅脑伤等损伤，损伤的性质与平时的创伤基本相同。此外，在冲击波作用下，扬起的尘土可进入口腔及呼吸道内，引起呼吸道阻塞而造成损伤。

冲击伤虽在很大程度上与一般创伤相同，但在伤情上也有一些特点：①伤情复杂；②外轻内重；③发展迅速。对于冲击伤伤员，不能光看外表的伤势来判定伤情的轻重。应该对遭核袭击后的伤员仔细检查、严密观察，不失时机地进行救治，否则就可能判断失误，增加死亡。

2）冲击波的防护措施

核爆炸冲击波是核武器实施地面和空中爆炸时重要的杀伤破坏因素。它不仅可以大面积地杀伤人员，还可以摧毁和破坏城市的建筑和公用设施，是核战争条件下需要重点防护的问题。

冲击波的杀伤存在直接杀伤和间接杀伤两个途径，对于冲击波的防护需要注意以下几点：

（1）冲击波的传播具有一定的方向性，可以利用坚固的物体遮挡身体来减轻伤害。

（2）冲击波沿地表运动，地下建筑和工事能有效地防护冲击波。

（3）冲击波无孔不入，可以通过孔、洞和缝隙进入封闭的建筑物内部，因此建筑物密闭程度越高，防护效果越好。

（4）冲击波的伤害与受力面积有关，应设法减小受力面积。

（5）冲击波对物体和建筑物的破坏可以对人员引起间接伤害。

对于万吨级 TNT 当量以上的中型、大型核武器来说，冲击波是主要的杀伤破坏因素。根据冲击波可能的杀伤破坏方式（直接的和间接的）和冲击波的性质，可以采取下述具体防护措施。

（1）尽量避开冲击波的直接冲击和间接的杀伤破坏。

① 掩蔽。利用地形、天然的掩蔽地、工事和地下掩蔽部进行掩蔽，是防冲击波的主要手段，也是比较可靠的手段。

② 卧倒。当发现核爆炸闪光，如果事先没有观察好、准备好防护工事，则应毫不犹豫地迅速背向爆心就地卧倒，可以减少或避免冲击波的伤害。

③ 分散。"分散"是在核战争条件下，减少部队遭受核武器杀伤破坏的主要方法之一。为了防核武器袭击，军队需适当分散，但分散必须适当。

（2）提高武器、技术装备、工事和建筑物对冲击波的抗力。

为了提高武器、技术装备对冲击波的抗力，应该加强坦克、运输车辆等的结构强度，缩小体积，并尽量采用流线型的外形。城市房屋、建筑物也应提高坚固性，如窗玻璃采用钢化玻璃，窗外加上防护盖。至少也要在玻璃上贴纸条，有条件的都应当构筑地下室。

（3）在森林地、城市居民地组织力量以备爆后及时开辟通路。

森林地、城市居民地遭到核袭击后，冲击波能将大批树木、房屋、建筑物摧毁，引起树杆、瓦砾碎片堵塞通路，使得爆后救护、灭火及抢险工作都由于车辆无法通行而受阻。为此，应事先规划并组织好清除交通堵塞，开辟通路的车辆、机械和人力、物力，以便在爆后组织灭火、抢救伤员之前先把通路开辟出来。

4.3.2 光辐射效应

核爆炸的重要特征之一是核爆炸瞬间产生温度极高的火球。在火球整个发光过程中，不断发射由紫外线、可见光和红外波段组成的辐射能流，构成了核爆炸的重要杀伤破坏效应——光辐射。

1. 光辐射的杀伤破坏作用

光辐射照射在物体上时，一部分被物体表面反射，另一部分被物体吸收，如果是透明或半透明物体，还有一部分会透过并最终照射在其他物体上。光辐射能量被物体吸收后，光能转变为热能，物体温度升高，这就是光辐射的热效应。物体的温升超过某一个限值，物体便可能被灼焦、熔化或燃烧，造成杀伤和破坏。

光辐射可以通过直接或间接的方式，在短时间内造成大批人员烧伤。

1）皮肤烧伤

人体朝向爆心一侧的脸、手、颈等暴露部位皮肤表面层吸收光辐射能量后，会引起皮肤烧伤，称为皮肤的光辐射烧伤。烧伤的程度，根据吸收光辐射能量多少和皮肤的状况而定，轻者皮肤产生红斑，重者会起泡，甚至灼焦。

2）呼吸道烧伤

呼吸道烧伤不是光辐射直接照射的结果，而是由于吸入热气流、火焰或炽热的泥沙所致。核试验动物效应的结果表明，开阔地面上发生呼吸道烧伤的动物，均同时伴有较严重的皮肤烧伤。

3）眼烧伤

（1）眼睑烧伤。眼睑烧伤实际上是脸部烧伤的一部分，发生率相当高。

（2）角膜烧伤。核爆时炮兵用炮队镜、坦克潜望镜和光学核观测仪观测的人员，造成角膜烧伤的光冲量值会降低，致伤半径也会增大。

（3）视网膜烧伤。视网膜是眼球球内视物成像的一层膜，平时不易发生烧伤，是核爆炸时发生的特殊损伤。光辐射是否会造成视网膜烧伤，最主要的影响因素是核爆炸时人员是否睁眼直视火球。

4）闪光盲

闪光盲是指核爆炸时因强光刺激而引起的暂时性视力下降。它发生范围很广，对部队而言，重点会对指挥、飞行和观测人员的作战行动发生一定的影响，甚至会影响到飞行人员的安全，因此要引起充分的注意和重视。

2．光辐射的防护措施

光辐射对人员和物体造成杀伤破坏作用，主要是由于物质吸收光能后产生的热效应造成的，因此，防光辐射的基本出发点就是尽一切可能减少物质的温升。通常采用的措施有"遮、避、埋、消"等。

1）遮

针对光辐射，利用物体进行遮蔽。这是利用光直线传播原理，遮光防护。核爆炸时，在掩盖工事内或地下室中的人员、物体，可以完全避免光辐射的危害；在建筑物内，人、物只要离开窗口，免受光辐射直照，就不会遭致直接毁伤；任何物体的阴影，都能保护在其遮蔽区内的人员免受损害。

2）避

发现核爆炸闪光后，立即采取行动，避开光辐射的直接照射。

眼睛对光辐射防护，最简单有效的方法是在发现闪光时，迅速闭眼，严禁观看火球。对于核爆炸时不能闭眼的核观测人员、飞机驾驶人员，则要配发能保护眼睛的偏振光护目镜。

对呼吸道的保护主要是防止吸入热空气，发现核爆炸后应闭嘴，发现热空气袭来时最好能及时闭气，暂时停止呼吸。

对皮肤的保护主要是在发现闪光后，及时卧倒或掩蔽在地形、地物之后，将暴露皮肤遮蔽起来。

3）埋

采取措施使物体表面有覆盖物的保护，免受光辐射直接照射。

光辐射作用时间很短，通常对物体直接照射时，物体受热深度不大，所以如果在物体表面涂敷吸收光能少、导热系数小、本身不易熔化、燃烧和被破坏的材料，如黄泥、白石灰或防火漆等，就能有效保护被覆盖的表面不受光辐射破坏。

4）消

落实消防措施，在爆前重视清除易燃物等防火措施，在爆后及时消灭隐燃点，全力扑灭明火。核袭击前，做好防火准备工作；核袭击后，城市居民地首要的任务是扑灭火灾；火灾不可控制时，应有组织地撤出伤员和重要物资。

4.3.3 早期核辐射

早期核辐射是指核爆炸瞬间释放出的具有很强贯穿能力的中子和γ射线。对于早期核辐射的定义，有两点需要注意。

关于早期核辐射的时间界限的确定，各国不尽一致，一般是核爆炸十几秒之内。根据核试验的经验，爆后15s后的核辐射，其瞬时杀伤破坏特征已不明显，所以一般把15s之后的核辐射列入剩余辐射之中。

核爆炸时，在重核裂变链式反应和聚变反应过程中，会放出大量的中子和γ射线；同时裂变产物和剩余的裂变材料还可能释放出α粒子和β射线。由于α、β射线在空气中射程很短，一般穿不出火球和烟云的范围。而中子和γ射线在空气中可以穿透很远的距离，所以早期核辐射的杀伤破坏作用是中子和γ射线造成的。

1. 早期核辐射的杀伤作用

早期核辐射对人员的杀伤作用主要是中子、γ射线照射到人体组织使人体组织细胞受电离作用后，直接破坏了机体组织细胞的蛋白质、核蛋白及酶等具有生命功能的物质，导致细胞的变异和死亡。也可能是照射作用使液体中的水分子产生许多有强氧化性、高毒性的自由基或过氧化合物，破坏了人体组织的分子，从而对人体细胞和组织造成损害。

核辐射引起人体损伤需要一定的剂量。通常认为只有人员在短期内受到超过1Gy的吸收剂量后，才可能发生急性放射病。如果所受照射的吸收剂量低于1Gy时，一般不会发生明显的病变，个别对核辐射敏感的人可能有轻微的血象变化。

早期核辐射对人员的伤害程度取决于人员受照时的吸收剂量，并与受照射者的健康状况有关。急性放射病区分为轻度、中度、重度和极重度四级。

1）轻度放射病

引起轻度放射病的核辐射剂量为1~2Gy，在受到1Gy吸收剂量照射的人群中，有少数（5%）人会发生属于急性放射病的症状，这是轻度放射病的下限。

2）中度放射病

引起中度放射病的吸收剂量为 2～4Gy。在受到 2Gy 照射的人群中，有半数（50%）会出现明显的急性放射病症状，不经治疗有极少数人员（3%以下）会死亡。

3）重度放射病

引起重度放射病的吸收剂量为 4～6Gy。照射 4Gy 的剂量后，不经治疗会导致大部分人死亡，这个剂量是重度放射病的最低剂量。

4）极重度放射病

人体受到 6Gy 以上的吸收剂量后可发生极重度急性放射病，如不及时救治几乎会导致全部人员死亡。

2. 早期核辐射的防护

对早期核辐射的防护是比较困难的，其原因不仅在于它有很强的穿透本领，空气的散射效应，而且还在于当人们发现核爆炸闪光后，瞬发中子和部分 γ 射线已经发射完毕，如果采取防护动作不及时，就失去效果。根据早期核辐射传播速度快和作用时间短的特点，对它的防护应是预防性的，即在得到核袭击预警后，就应该做到隐蔽。当然，如果发现闪光后掩蔽得快，也能够减轻缓发中子和 γ 射线的照射，同时及时采取防护动作对防光辐射和冲击波是十分有效的。对于防御早期核辐射最有效的措施是在核爆炸前进入具有足够防护层的掩体里面。

在核战争条件下，了解、确定人员实际的受照剂量，对于判断人员是否受到核辐射损伤，确保受照人员能得到及时的治疗具有重要意义。

4.3.4 核电磁脉冲

核武器爆炸时，产生的强脉冲瞬发 γ 射线与周围空气物质相互作用，形成的辐射瞬变电磁场称为核电磁脉冲。在所有核爆炸效应中能量占比最小，普通的裂变弹核电磁脉冲消耗的能量不到 0.1%，影响范围却最广，甚至可以达到上千千米；瞬时杀伤破坏效应，所有效应中是持续时间最短的；核电磁脉冲不会对人造成伤害，它主要损害的是电子电气设备。

目前军事强国现代化电子设备、电子计算机已经普及到各个角落，各种大型武器装备也都实现了现代化。这些设备、系统对核电磁脉冲特别敏感，如果忽视核电磁脉冲，在未来的核战争中，其后果不堪设想。

核电磁脉冲是核爆炸瞬发 γ 射线与周围物质（主要是大气）作用产生的一种特殊辐射环境，有时称它为环境电磁脉冲。由于爆炸的空间环境不同，产生的物理过程也有些差别。核电磁脉冲的形成主要有三种机制：康普顿电流机制、电子与地磁场相互作用机制和地磁场的排斥机制。

1. 核电磁脉冲的特点

（1）核电磁脉冲场强很高。核电磁脉冲的电场强度在几千米范围内可达 10 万 V／m，是无线电波电磁场的几百万倍，是大功率雷达波的上千倍。

（2）核电磁脉冲的影响范围很大。低空核爆炸产生的电磁脉冲源区场虽然只有几千米的范围，但辐射出来的电磁脉冲信号可以传到很远的地方。高空核爆炸产生的电磁脉冲作用范围更广。

（3）核电磁脉冲频谱很宽。在离爆心不远的源区，核电磁脉冲的频谱非常宽，从极低频（ELF）直到甚高频（VHF），频率从几赫到 100MHz，几乎包含了现代军用电子设备所使用的频段，因此对军用电子设备的影响较大。

（4）核电磁脉冲的作用时间很短。核电磁脉冲主要是伴随瞬发 γ 射线所产生的次级效应，它的作用时间与瞬发 γ 射线的发射有着密切的关联。径向电场的上升时间，通常为 10^{-8}s。由低层大气中核爆炸的核电磁脉冲波形可知，核电磁脉冲可保持数十微秒或更长的时间。

2. 核电磁脉冲的破坏作用

美国曾利用能产生强大电磁脉冲的模拟设备模拟核爆炸的电磁脉冲，对猴子和狗做了大量的试验，无论是单次还是多次重复地对动物施加瞬时强电磁脉冲，都没有发现可以觉察的有害影响。

但核电磁脉冲在不接地的电气、电子设备外壳上引起的电流，会耦合到壳内敏感的电路上，或通过电缆感应传输到内部电路，改变电路的工作状态；快速数字电路对电流瞬变过程非常敏感，逻辑状态可能发生翻转而产生错误；半导体结或固体电路可能被击穿；其他元器件的失效模式，可能与热有关。这些失效模式，归纳起来可以分为两种受损类型：永久性损坏和瞬时工作干扰。

永久性损坏是指电气电子系统受到核电磁脉冲引起的强电瞬变后，永久性的损坏了，不经过修理便不能正常工作。这是因为电气、电子系统在核电磁脉冲作用下，引入的能量超过了系统中某些敏感元器件所能承受的极限，如半导体结被击穿、保险丝被熔断等，不经修理，系统便不能正常工作。

瞬时工作干扰是指电气、电子系统受到核电磁脉冲作用时，遭受较弱的电瞬变冲击，引入的能量尚不能使某些敏感元器件损坏，但已能使系统的工作状态有暂时性的改变，导致错误动作，引入干扰信号或操作失灵等，使系统在短时间内不正常或不能使用。

3．核电磁脉冲的防护措施

（1）降低核电磁脉冲的环境水平。降低核电磁脉冲环境水平的有效办法是"屏蔽"。屏蔽能使电气、电子系统工作间的核电磁脉冲水平大大降低。

（2）降低对核电磁脉冲能量的收集效率。任何长的导线都能较多地吸收核电磁脉冲的能量，因此要尽量缩短系统连接的导线和天线，设备之间也要尽量靠近，避免用长线连接。

（3）减少加到敏感元件上的能量份额。为了保护电气、电子系统能可靠地工作，还可以在一些设备上增加保护装置，以减少加到敏感元件上的份额。

（4）改进电路设计和选用加固元器件。改进电路设计，使之不易受核电磁脉冲的干扰，例如增加或选用那些具有较高电压与开关阈的数字逻辑电路。长的接线中采用编码信号传递，可以使核电磁脉冲扰乱系统的情况减到最少。

4.3.5 放射性沾染

放射性沾染是指核爆炸产生的放射性物质对地面、水域、空气和各种物体的污染。放射性沾染是核武器特有的杀伤效应之一，从其放射性物质放出的 β 辐射和 γ 辐射作用于人体而产生杀伤效应。由于放射性沾染放出的核辐射，作用的时间较晚，为与早期核辐射相区别，又称之为剩余核辐射。

核爆炸放射性沾染主要有两个来源：一是放射性烟云沉降下来的落下灰；二是核爆炸中子流作用于地面（或物体）产生的感生放射性物质。

1．放射性沾染对人员的杀伤作用

放射性沾染对物体一般没有破坏作用，物体表面受到放射性落下灰沾染后，主要是考虑到人员接触该物体后会沾染到其表面的放射性落下灰。至于物体受到中子照射后产生的感生放射性核素，只要将其放置于远离人员的地方，让其自然衰变到规定标准以下，就可以重新启用，一般不会影响其使用性能。

（1）体外照射。人员在沾染区活动或者接近严重沾染的物体时，人体即使没有直接与放射性物质接触，也会受到放射性物质放出的射线作用而引起损伤，这就是放射性沾染对人员体外照射的伤害。

（2）皮肤β射线灼伤。人员在沾染地面上活动时，放射性尘土或落下灰沉积于体表或皮肤，受到β射线的直接作用所造成的皮肤辐射损伤，称为皮肤β射线灼伤。

（3）体内照射。人员在沾染环境中活动时，由于没有采取必要的防护措施，吸入了被沾染的空气，饮食了被沾染的食物和水都能使放射性物质侵入人体内部。有时大量放射性物质落在皮肤的伤口上，放射性物质中的某些核素被溶解、吸收进入血液，也可进入人体。放射性物质通过不同的途径侵入人体内部，沉积于某些特定器官或分布全身，在体内发出射线造成机体损伤，这就是放射性沾染的体内照射伤害。

2. 放射性沾染的防护措施

对体外照射防护的基本原则是：时间防护，缩短受照射时间；距离防护，加大与源或放射性沾染之间的距离；屏蔽防护，采用屏蔽方法。

皮肤β射线灼伤的防护措施是：要防止皮肤受到β射线灼伤，关键是要尽量防止落下灰粒子直接沾在裸露的皮肤上，在发现皮肤被沾染后要尽可能快地进行局部洗消。

体内照射伤害的防护措施是：要防止体内照射伤害的发生，关键是要切断放射性落下灰或感生放射性核素进入体内的途径。

4.4 核武器的危险源

核武器贮存和使用过程中的危险源主要包括两个方面：一是核材料，二是炸药火工品。了解危险源的性质是确保核武器安全的基础。

核武器内部涉及的核材料主要有铀、钚、氚。

1. 铀的特性及危害

核部件所用的铀材料含有 ^{235}U、^{238}U、^{234}U 等核素，铀的化学性质活泼，在空气中易氧化，特别是在高温、高湿的环境下，氧化更加严重。铀在明火或 700～1000℃高温下，会燃烧且在短时间内全部被氧化，甚至发生爆炸。

铀既是放射性毒物，又是化学毒物。铀的同位素半衰期都较长，释放的γ射线和中子强度有限，外照射影响均比较小。但铀在放射性物质毒性分类中属中等毒性元素，但它作用于人体有很强的化学毒性，同时铀材料进入体内会对人体产生内照射，因此，对于铀材料应重点防范其通过各种途径进入人体内。

2. 钚的特性及危害

钚不属于天然存在的元素，主要通过其他核转换生成，纯净的钚是一种银白色具有金属光泽的金属，化学性质极活泼，在空气中能迅速氧化甚至燃烧。

核武器中的钚材料主要含有 ^{239}Pu 和少量的 ^{240}Pu、^{241}Pu 和 ^{242}Pu。钚的辐射强度高于铀材料，应采取适当的外照射防护措施。

钚的半衰期长，排出较为困难，影响期长，进入人体内以后内照射危害大。同时，钚是极毒核素，进入人体后，积累在骨髓里，能引起骨瘤，破坏造血系统，摄入少量的钚就能致人死亡，所以钚的操作要严格防护，一般应在手套箱内进行。

3. 氚的特性及危害

氚（^{3}H）是氢的放射性同位素，也是唯一的放射性氢同位素。氚经过 β 衰变后，变成稳定的 ^{3}He。氚发射出的 β 射线能量低，对人体造成外照射危害较小。但氚具有扩散性、渗透性和交换能力强的特点，易通过食入、吸入和皮肤渗透进入人体，以 β 射线在组织中产生电离的方式对人体造成内照射危害。

针对上述核材料的危害特征，做好核部件本身的防范措施主要包括：操作过程要小心、谨慎，轻拿轻放，防止核部件跌落或划破核部件表面而造成核部件的物理性损伤，造成铀、钚材料的氧化和释放；同时要防止核部件跌落或多个部件堆集在一起引发意外临界事故。

针对人员的辐射防护措施包括：对于含钚材料的部件，其检查和操作必须在密封的专用设备内进行，并穿戴必要的防护用具。对氚的防护原则是尽量避免或减少氚通过各种途径（吸入、食入、皮肤渗透）进入人体。另外，为了加速氚的排泄，要养成工作完毕多喝水的良好习惯。

4. 炸药火工品特性

炸药火工品是核武器中的另一大危险源。炸药火工品在核武器中起到内爆压缩的作用，如发生意外爆炸会造成两方面危害：一是爆炸冲击波对现场人员的直接伤害，二是现场若有核材料还会导致核材料的扩散，造成严重核污染。核武器用的炸药火工品在安全性上有着很高的标准，但静电、冲击、摩擦、高温仍可能引起炸药火工品的意外爆炸。炸药火工品操作过程中应当严格遵守操作规程。

1）防止剧烈机械刺激

轻拿轻放是一切火工品操作必须遵守的规定。操作过程中要注意防止火工品跌落；防止各种工具等打击到火工品上；防止尖锐刀具直接作用在火工品上。同时，吊运炸药部件时，要切实采取有效的保护措施防止炸药部件跌落或与其他工装发生碰撞。

2）防止受高温

所有火工品、炸药部件绝对禁止火焰或高温烘烤。因此，所有涉及火工品的场所都必须严禁明火作业，禁止吸烟和携带火柴、打火机等点火具，并对易燃挥发性溶剂（醇、醚、酮类）作限量规定。

3）防止静电、雷电及意外电能引爆

操作场所应有静电接地装置、避雷装置。操作间的工作台、地面最好铺设导电橡胶板。照明及其他电器应为防爆型电器。操作人员应遵守静电安全规定，工作中适时摸接地棒释放人体静电，穿戴的工作服应符合静电安全规定。

4.5 核武器事故特点及类型

核武器核事故，是指核武器部（组）件在运输、贮存、运用过程中因意外造成人员、装备、环境的放射性污染事件或事故的总称。世界各有核国家都极其重视核武器的安全，以确保核武器万无一失，但仍不能绝对避免。如果发生核武器核事故，将具有以下特点：

（1）对人员和环境危害大。核武器中的核材料主要包括铀、钚、氚，其中钚属于极毒类放射性物质，其致死剂量极低；氚具有很强渗透性，对应急防护要求很高。一旦核武器中的火工品和炸药因意外发生爆炸，放射性物质及有毒有害物质随爆炸产物瞬间释放，危害极大。

（2）应急处置技术要求高。核武器集高、精、尖技术于一体，内部结构精细，核事故诱因多，事故机理复杂。核事故条件下，若处置失当，可能导致更为严重的后果，因此，应急处置过程中对源项封控、安全拆解、武器回收、火灾扑灭等都有很高的技术要求，必须依靠专业队伍和专用装备进行科学处置。核武器核事故应急处置示意图如图4.3所示。

图 4.3 核武器核事故应急处置示意图

（3）政治敏感性强。核武器是各有核国家的主要战略装备，对维护国家主权、安全具有极其重要作用，备受国际社会和广大公众关注。一旦发生核武器核事故，必然会给国家的政治、军事、外交等方面带来严重负面影响，甚至危及到战略核力量的建设发展。

（4）事故保密程度高。核武器属国家和军队核心机密，核应急处置行动保密要求高，需要尽量控制介入人员，在最短时间、最小范围、最低影响下，完成处置行动。

在核武器管理使用过程中，可能出现下列类型的核武器核事故。

（1）核部件损坏造成放射性污染事故。因意外引起核部（组）件破损或泄漏等，造成环境污染，人员受到超剂量限值照射及化学毒性损害。造成放射性污染的主要原因是核部件的损坏造成放射性物质向环境中释放，致使人员受到辐射危害、环境遭受污染。

（2）核武器化学爆炸事故。因跌落、冲击、电击、火烧或恐怖袭击等意外引起高能炸药发生化学爆炸，炸药爆炸一方面会对现场人员造成严重的冲击伤害，另一方面炸药爆炸冲击波作用于核材料，瞬间产生大量放射性粉尘和气溶胶，造成严重的放射性环境污染和人员伤亡。

（3）核临界事故。核材料在意外情况下质量、体积、形状等改变而发生核临界，核临界情况下部分核材料发生链式裂变反应，释放一定量的核能，对现场造成杀伤破坏，同时大量裂变材料和裂变反应的产物释放到环境中，造成严重的环境污染或人员伤亡。

（4）核爆炸事故。核弹头意外发生核爆炸，释放大量的核能，产生光辐射、冲击波、早期核辐射、放射性沾染等杀伤破坏效应，造成极其严重的环境污染和人员伤亡。核爆炸事故是核武器核事故中最严重的事故。

国内外核武器管理经验及理论计算表明,由于核武器采用了钝感炸药、多重保险等防止意外核爆炸的技术,以及保守的核临界设计控制、严格的技术安全管理措施,发生意外核爆炸与核临界的概率极低。但由于人为失误、设备失效及其他客观因素的影响,存在发生化爆和放射性污染事故的可能性。

正是由于核武器核事故类型的多样性和后果的严重性,我们必须在深入研究事故规律的前提下,坚持"预防为主,安全第一,稳妥可靠,万无一失",确保核弹头贮存、运输、作战使用等活动中的绝对安全。

4.6 核武器安全保证措施

宏观上看,导致核武器发生事故的原因可以归纳为两个方面:一是主观原因,包括人的原因、使用管理机制缺陷或不健全;二是客观原因,技术缺陷或不成熟、突发意外。为保证核武器安全,主要也可以从技术手段和管理措施两方面入手。

1. 保证核武器安全采取的技术措施

核武器发生事故的概率较低,但事故的后果极其严重。世界各有核国家,尤其是美国,非常注重采用多重技术手段,从系统设计上确保核武器的内在安全性,为保障核武器的安全采取了一系列有效的技术措施。

1)增强核爆安全装置

设计增强核爆安全装置是为了防止遇到异常环境时核武器过早解保。增强核爆安全装置的基本思想是把引爆弹头的关键电气部件隔离在一个禁区里。这个禁区实际上由结构壳体和绝缘材料包住,绝缘一切外部能源,正常解保电源进入禁区的唯一渠道是通过覆盖禁区小孔的"强链开关"装置。所谓"强链开关",设计时要求它们做到被异常环境激活的概率必须非常小(美国通常要求小于 10^{-6}),必要时在解保组件里需要安装两个独立的强链开关,这便是增强核爆安全装置的设计方法。

2)钝感高能炸药

核弹头里含有放射性材料,并与高能炸药相配合,引发高能炸药爆轰的事故或事件会导致周围地区的放射性污染。飞机着火或坠毁这类严重事故的后果因高能炸药类型不同而区别巨大。

钝感高能炸药是为防止核武器意外核爆而研制的新型炸药。与早期采用的高爆速、大能量炸药相比，该种炸药具有独特的钝感性，在火烧、碰撞、跌落或枪击等情况下发生爆炸的概率很低，有利于实现化爆安全。只要高能炸药球不起爆，就不会发生核爆炸，也不会发生钚的严重污染。这是目前增强核武器安全的有效技术措施之一。

3）耐火弹芯

钚的熔点是 640℃，而航空燃料燃烧时的温度可达 1000℃，一旦弹芯破损，熔融钚就会扩散。在火灾温度条件下，要求弹芯中装钚的容器（或外壳）能耐高温，不至于使其中的熔融钚泄漏而造成污染。

耐火弹芯就是为了防止钚在高温下汽化散落造成大面积污染而采取的安全措施。基本设计思想是在钚材料外设计包覆一层耐高温、抗钚腐蚀的材料，使其能够承受大约 1000℃ 的高温，并保证在几小时内不会受到破坏，即使其中钚球熔化，也不会因其侵蚀作用而破裂，这样就防止了钚的污染。

以上是保证核武器安全的典型技术手段，随着科技的进步，更多的技术措施将应用于核武器以确保核武器绝对安全。

2．保证核武器安全采取的管理措施

目前在核安全管理方面，保证核武器安全的基本措施有以下几项：

1）严格流程管控

由于对象特殊、危险性大、技术性强、涉及面广、安全隐患多，只有严格实施安全管控，才能确保操作任务安全顺利实施。在这个过程中要注意把好五关：细心准备关；安全初态检查关；现场实施关；过程控制关；质量安全评估关。

2）狠抓安全技能训练

不断深化岗位练兵，严格落实涉核岗位资质认证、持证上岗制度，切实以人员过硬的岗位操作技能保障核安全，促使人员严格遵守操作规程、工艺流程、技术安全规定，为安全、顺利完成任务提供有效保障。

3）改进方法手段

一是深化核武器安全机理研究。着眼增强主动控制能力，充分发挥现有资源优势，加强军地协作，积极开展核弹头质量变化规律研究、安全机理研究、安全性评价方法和手段的研究，把握核武器的安全特性。

二是加强安全管控手段建设。健全核安全规章制度和安全管控体系，进一步完善核安全工作运行机制；加大核弹头地面设施设备配套建设力度，减少人为不确定行为对操作安全的潜在影响；采用现代先进技术，搞好顶层设计，提高地装、地测设备的安全性能。

三是狠抓核事故应急处置能力建设。结合工作实际，充分预想可能发生的各类事故，全面加强事故应急处置预案体系建设；突出强化应急观念，严格应急标准，从难从严组织实案化应急处置训（演）练，不断提高组织指挥、快速反应、科学处置等能力和水平，确保核事故应急处置行动应之有案、对之有策、处之有法、救之有效。

总之，核武器基本安全问题及防范工作是一项复杂的系统工程，为实现核武器管理"绝对安全、绝对可靠"的目标，必须贯彻"安全第一、预防为主"的指导思想和原则，积极组织从事核武器研制生产、管理使用等各方面技术力量进行核武器安全理论研究和探索，分析评估核武器事故发生的机理和后果，提高预测和控制核武器事故的能力，确保核武器系统始终处于良好的战技术状态。

思 考 题

1. 原子核裂变反应能量密度远远大于普通的炸药爆炸，试分析 1kg 的 ^{235}U 完全裂变释放的能量相当于多少吨 TNT 爆炸？
2. 目前国内外为保证核武器安全，主要采取哪些技术措施？
3. 对于枪式原子弹和内爆式原子弹，哪种构型的原子弹核材料使用效率更高？
4. 相比原子弹，氢弹具有哪些特点？
5. 核武器爆炸主要通过哪些效应造成杀伤和破坏？
6. 核武器中核材料主要包括哪些核素？其中的放射性材料主要是哪些核素？
7. 核武器核事故主要包括哪些类型？其中后果最为严重的是哪一种类型？

第 5 章　核动力核安全

以核能作为一次能源的核动力装置，一部分用于核能发电，一部分用于舰艇的动力装置。第 1 章已经介绍了核电站的类型与发展，本章将重点介绍舰艇核动力装置的基本原理及组成、舰艇核动力装置风险特征、核动力装置典型事故的响应过程及可能后果，使读者对舰艇核动力装置基本安全特征有初步的认识，理解并掌握核动力装置事故防范的基本策略。

5.1　舰艇核动力装置基本原理及组成

新型舰艇不断朝着大型化、隐身化、高航速、高续航力的方向发展，核动力的突出优点，使其成为这些大型舰艇重要的动力选择，核动力舰艇是大国、强国的象征。但国外舰艇核动力装置在发展、使用过程中也发生过严重的核事故，对人员和环境造成了极大的危害，其应用过程的核安全问题备受关注。

5.1.1　核动力装置的基本原理

核动力同其他动力装置一样，其使命任务是提供舰艇航行的动力和全船所用的电力。世界上在役的核动力舰艇主要采用压水型反应堆，图 5.1 为典型的压水堆核动力装置原理流程图，根据能量转换利用过程，核动力装置主要分为热源、能量转换系统和热阱三部分。

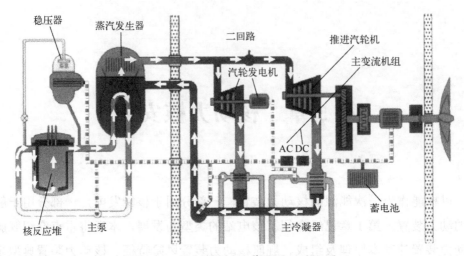

图 5.1 压水堆核动力装置原理流程图

5.1.2 核动力装置的基本组成

根据舰艇核动力装置的传统设计,从结构功能上分析,其组成主要包括反应堆及一回路系统、二回路系统及轴系、电力系统、综合控制系统和辐射防护系统。

1. 反应堆及一回路系统

反应堆是整个核动力装置的能量中心,有时也形象地称其为核动力装置的"心脏"。其内部装有核燃料、慢化剂和控制材料,通过自持链式核裂变反应,不断释放核能,并在堆芯直接转换为热能。从反应堆导出热量的主冷却剂系统以及为保证其正常运行和安全所必需的辅助系统总和称为一回路系统。有时也把主冷却剂系统简单地称为一回路系统,一般对称设置有两到多个环路。

在一回路系统中,冷却剂在主泵的驱动下持续流经堆芯,在堆芯中吸收核燃料裂变释放出的热能后,进入蒸汽发生器,并通过蒸汽发生器传热管将热量传给二次侧的水,然后在主泵作用下重新送进反应堆吸收热量,如此循环往复,构成了冷却剂在密闭环路中的循环流动输热过程。为防止冷却剂的沸腾,整个一回路系统需要运行在很高的压力下,"压水堆"由此得名。整个一回路系统设置有一台与回路连通的稳压器,稳压器内的水处于汽液两相饱和状态,其中上半部分为汽空间,通过汽腔、电加热和喷雾过程的调节来保持系统运行压力的稳定。

2. 二回路系统及轴系

蒸汽发生器二次侧产生的蒸汽,经汽轮机做功后的乏汽被冷却凝结成水,然后在凝给水泵的作用下打入蒸汽发生器二次侧，形成一个闭式循环回路，这个闭式回路及其辅助系统总称为二回路系统。对于典型的核动力装置，二回路系统主要包括主蒸汽系统、辅蒸汽系统、蒸汽安全排放系统、凝给水系统、轴系等；主蒸汽系统主要用于输送蒸汽带动主汽轮机旋转，减速后带动螺旋桨旋转，推动舰艇移动；辅蒸汽系统主要用于输送蒸汽带动汽轮机发电机旋转，产生电力，满足舰艇的用电需要。现代舰艇新的核动力装置，也有直接将产生的蒸汽全部用来带动汽轮机发电，全船采用全电力推进。

3. 电力系统

舰艇电力系统担负着向舰艇上所有用电设备提供电能保障的任务，满足舰艇上所有电气设备的用电需求，确保舰艇安全及作战性能的发挥。典型的舰艇核动力装置电力系统主要包括正常供电系统、应急供电系统和电气综合监控系统。

4. 综合控制系统

综合控制系统控制核动力装置运行在不同工况，确保舰艇的各种航速要求，同时对核动力装置实施全工况运行监督，确保核动力装置的安全运行需求。主要包括反应堆及一回路仪表控制分系统、反应堆运行支持、管理分系统、二回路过程监控分系统、轴系测量控制分系统等。

5. 辐射防护系统

辐射防护系统担负着确保核动力装置在正常运行和事故工况下，人员不会受到超过剂量当量限值的辐照，且保持在合理可行、尽量低的水平（ALARA）。主要包括辐射防护设施和辐射监测系统两部分。在实际实践过程，主要是利用屏蔽、隔离、通风、保持堆舱负压、对放射性物质进行净化等措施开展辐射防护。在辐射监测方面，主要通过个人剂量监测、污染表面测量、取样分析测量、利用便携式辐射仪定期进行巡检测量等手段，对人员受照剂量和放射性污染情况进行监测和控制。

为进一步了解核动力装置的组成，下面将简要介绍一回路系统、二回路系统的主要设备。

5.1.3 一回路系统主要设备

一回路系统主要包括反应堆本体、主冷却剂系统、一回路辅助系统和专设安全系统等。

1. 反应堆本体

反应堆的本体结构近似成圆柱体，其功用主要有三个方面：一是按照核设计要求实现自持链式裂变反应；二是使核裂变释放出来的能量有效地导出；三是使反应堆内部件在工作寿期内保持良好的性能，即使在事故情况下仍能保证反应堆结构的完整性和安全性。其主要由堆芯结构、堆内支承结构、压力容器和控制棒驱动机构等组成，典型压水堆本体结构如图 5.2 所示。

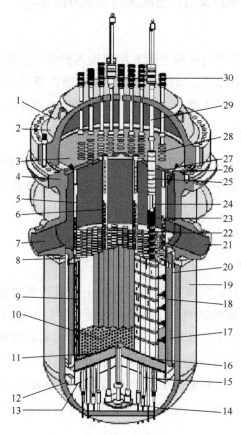

图 5.2 典型压水堆本体结构

1—吊装耳环；2—封头；3—上支撑板；4—内部支撑凸缘；5—堆芯吊篮；6—上支撑柱；7—进口接管；8—堆芯上栅格板；9—围板；10—进出孔；11—堆芯下栅格板；12—径向支撑件；13—底部支撑板；14—仪表管；15—堆芯支撑柱；16—流量混合板；17—热屏蔽；18—燃料组件；19—压力容器；20—围板径向支撑；21—出口接管；22—控制棒束；23—控制棒驱动杆；24—控制棒导向管；25—定位销；26—夹紧弹簧；27—控制棒套管；28—隔热套筒；29—仪表引线管；30—控制棒驱动机构。

1）堆芯

堆芯又称反应堆的活性区，是产生裂变能和放射性物质的核心区域，它位于压力容器冷却回路进出口以下，处于容器中间偏下位置，由燃料组件和相关组件组成，燃料组件是以燃料元件为基础装配而成。

燃料元件是指由核燃料和包容核燃料的包壳材料所构成的基本结构单元，是压水堆产生核裂变并将裂变能转变为热能的基本元件。按核燃料的类型，燃料元件主要包括金属型燃料元件、弥散型燃料元件和陶瓷型燃料元件；按燃料元件的几何形状，主要有棒状、板状、管状和球状燃料元件。目前压水堆燃料元件以棒状和板状最为普遍。

典型的棒状燃料元件基本结构如图 5.3 所示，它是由燃料芯块、燃料包壳管、压紧弹簧、隔热片、端塞等几部分组成。燃料芯块一般是采用 UO_2 陶瓷体，^{235}U 富集度约为 3%～5%；芯块的直径一般为 6～10mm。包壳管主要用来包容燃料芯块，一般采用锆合金材料制成。

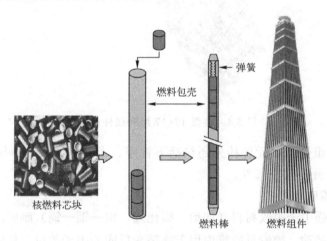

图 5.3　典型棒状燃料元件基本结构

板状燃料元件可以两面释热，同时可以采用厚度较薄的结构，因此相对释热面积大，比功率高，构成的堆芯具有体积较小、寿命长等优点。如果采用以锆金属为基体的锆铀合金，还可以进一步提升燃料元件的热导率，但由于元件中的金属铀含量低而结构材料多，需要用高浓缩铀作燃料，从而提高了燃料元件的成本，一般只有对经济考虑处于次要地位的军用动力堆或特殊用途的研究堆，才采用板状燃料元件。

燃料元件按照一定规则排列组合成燃料组件，棒状燃料压水堆常用的有正方形栅格燃料组件，其元件棒的排列有 15×15，17×17 和 19×19 等多种形式，典型的 17×17 燃料组件结构如图 5.4 所示。

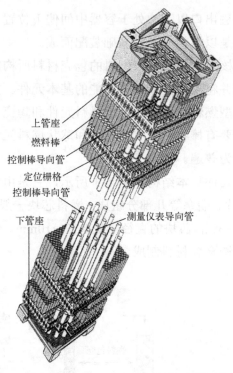

图 5.4 典型 17×17 燃料组件结构

整个燃料组件除了元件棒外还包括下管座、上管座、控制棒导向管、定位格架、压紧弹簧等几个部件。

2）控制棒驱动机构

控制棒由强中子吸收材料（如铪、碳化硼、银—铟—镉）制成，通过驱动机构在堆内上下移动，控制反应堆内用于核裂变反应的中子数量，从而控制反应堆功率。控制棒动作对反应堆功率分布将造成较大的影响，从运行安全和延长堆芯寿期的角度，需要一个从全寿期角度能使功率分布最均匀的提棒方案，通常也称为最佳提棒方案。最佳提棒方案通常由核设计人员根据大量的核设计方案优化确定，运行过程应严格执行。反应堆功率运行期间，如果发生控制棒卡滞或掉棒事故，最佳提棒方案受到限制时，需要根据应急提棒程序方案来控制反应堆。

3）反应堆压力容器

压力容器内部安装堆芯组件，顶盖上安装控制棒驱动机构；与一回路系统共同形成密封空间。

2. 主冷却剂系统

主冷却剂系统主要由反应堆、主泵、蒸汽发生器等设备组成，相互之间采用冷却剂管道连接。

1）主冷却剂泵

主冷却剂泵简称主泵，其作用是强制驱动冷却剂在回路中循环。在舰艇核动力装置中，多采用全密封的屏蔽泵，即通过一个屏蔽套将电机转子密封在一回路冷却剂中，采用水润滑轴承。核电站主泵从经济性考虑一般采用轴密封泵，并且为了增大主泵断电事件下的惰转时间，在转子顶部加装有大质量的飞轮，轴封的磨损泄漏问题主要通过停堆换料期间更换轴封的方式解决。

2）蒸汽发生器

蒸汽发生器实质上是一个热交换器，其主要功用是将冷却剂的热量传给二回路侧的工质，传热管内流动的是一回路高温、高压冷却剂，管外为二回路水，运行过程中一回路的高温冷却剂不断将二回路的水加热变成蒸汽；并通过汽水分离器，产生高品质的饱和蒸汽，供汽轮机装置及其他设备用汽。

压水堆广泛应用的立式倒 U 形管蒸汽发生器如图 5.5 所示。蒸汽发生器传热管也是一回路系统中所占比例最大的承压边界，必须保持蒸汽发生器传热面的完整性，防止放射性物质向二回路系统扩散。

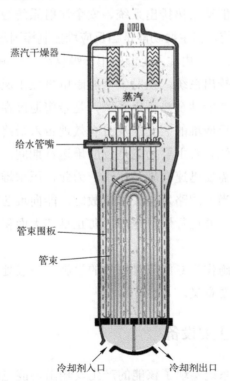

图 5.5 立式倒 U 形管蒸汽发生器

3）管道与阀门

一回路管道是连接系统设备的重要部件，又经常处于高温高压和较高的热应力状态。因此，管道材料要有足够的强度和耐腐蚀性，常用的是不锈钢材料。为了控制改变系统内流体的流动特性，一回路系统中还设有不同类型的阀门。

3．一回路辅助系统

保证反应堆冷却剂系统正常运行的相关系统称为一回路辅助系统，主要有：

（1）压力安全系统，用来维持系统压力稳定，防止压力过高危及承压边界安全，或压力过低危及堆芯安全。

（2）补水系统，主要用来向反应堆冷却剂系统补水，维持其冷却剂装量。

（3）设备冷却水系统，主要用来向一回路需要冷却的各设备供给冷却水的系统。

（4）水质控制系统，主要用于控制一回路水质，防止系统管道或设备腐蚀。

4．专设安全设施

为应对核动力装置可信的事故工况，一般还设有专设安全设施，其主要包括化学停堆系统、非能动余热排出系统、安全注射系统等。

（1）化学停堆系统。其主要功能是当反应堆控制棒因故障卡死在堆芯外不能实现紧急停堆时，向反应堆内注入足够的中子吸收剂——硼酸，实现化学停堆。

（2）非能动余热排出系统。在发生全船断电事故工况时，所用的能动设备都将不能运转，设置非能动余热排出系统，是希望通过在反应堆多个环路系统中建立自然循环，将反应堆的衰变热及时有效地带入最终热阱——大海。

（3）安全注射系统。其主要功能是反应堆运行期间，一旦一回路系统承压边界发生破损泄漏，需要迅速向堆芯注水，为此，压水堆都设置有安全注射系统。该系统的功能是当一回路发生失水事故时，能向堆芯提供足够的冷却水，确保覆盖堆芯活性区，并进行燃料冷却，防止堆芯大面积熔化及反应堆压力容器破坏。

这些专设安全设施作为专门应对事故的设施，一般处于备用状态，但对确保反应堆安全具有重要意义。

5.1.4 二回路系统主要设备

反应堆及一回路系统实现了核能的产生及输出，能量的最终转换和消耗需要通过二回路系统实现,二回路系统既是核动力装置不可或缺的重要组成,同时其运行安全特性也会直接影响着核反应堆的安全。因此,了解掌握二回路系统的功能、组成及运行特点方面的知识,也是全面掌握核动力装置安全特性的基本要求。

二回路系统是以朗肯循环过程为基础,通过将蒸汽的热能转换为机械能,进而驱动舰艇螺旋桨产生推进力或驱动发电机产生电能。由于二回路系统的能量转换介质为蒸汽,故又称为蒸汽动力转换系统。蒸汽动力转换系统的出现和应用已经有 100 多年的历史,技术发展非常成熟,目前无论是核电厂还是舰艇核动力装置,能量转换基本上都通过蒸汽动力装置来实现。二回路系统原理图如图 5.6 所示,具体的工作流程是:蒸发器产生蒸汽→蒸汽通过蒸汽管道到达汽轮机组中做功→乏汽在主冷凝器中冷凝为水→水通过凝给水管路重新输送到蒸发器,完成一轮循环过程。工作时首先将喷嘴中蒸汽的热能变成动能,然后将动叶的叶栅中蒸汽的动能转变成机械能。

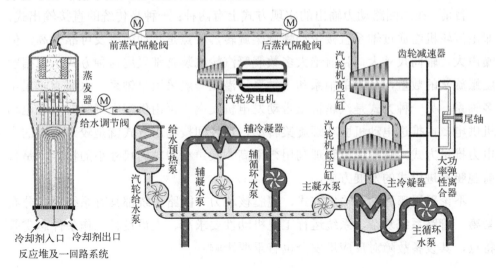

图 5.6 二回路系统原理图

二回路系统的主要设备及相关系统主要包括:

(1) 蒸汽系统。将蒸汽发生器产生的蒸汽输送至各用汽设备,主要由蒸汽管道和阀门组成。

(2) 汽轮机,又称蒸汽涡轮机、蒸汽透平,是二回路系统能量转换的核心,它是利用蒸汽热能做功的旋转式热力发动机,主要由喷嘴或静叶组成的静叶栅、动叶组成的动叶栅、转子、汽缸等部件组成。

（3）冷凝器。是二回路热力循环的低温冷源，实质上就是一个换热器，通常采用管壳式换热结构，功能是把乏汽冷凝为水，保障蒸汽发生器有高质量的连续供水源。蒸汽冷凝成水时体积会骤然变小，可以使冷凝器形成高度的真空，形成乏汽的抽吸能力，并保持汽轮机排汽真空以保证汽轮机组的循环效率。

（4）凝给水系统。主要用于汲取冷凝器内的凝结水，经凝水泵增压后由给水泵送往蒸汽发生器，主要由凝水泵、给水泵、给水调节阀及相关管道组成。

（5）蒸汽排放系统。当汽轮机大功率甩负荷时，一二回路出现较大的功率差时，通过排放蒸汽，可以防止蒸汽管路超压，进而避免一回路系统超温超压。

（6）循环水及海水系统。其为二回路乏汽的冷凝器、各种热交换器提供冷却海水的相关系统，是核动力装置的最终冷源。

目前，在二回路动力输出的实现方式上有两种：一种是传统的直接输出式，即由汽轮机组通过轴系直接带动螺旋桨旋转，特点是传动效率及可靠性高，但噪声大，轴向尺寸大，目前绝大多数舰艇汽轮机装置都采用这种方式。根据舰艇螺旋桨的数量，分为单轴系和多轴系，潜艇一般采用单轴系，水面舰艇采用多轴系。另一种方式是汽轮机组带动发电机发电，再由供配电网络向推进电动机供电，由推进电动机驱动螺旋桨转动，这种间接输出方式就是较为先进的全电力推进方式，具有能量管理利用效率高、噪声小和轴向尺寸小的特点，是目前舰艇推进模式的发展方向。

不论采用哪种动力输出方式，舰艇核动力二回路系统都具有系统设备分布紧凑、管路系统复杂、系统运行工况机动性要求高、人员设备工作条件恶劣等特点，其设备故障对反应堆安全也有重要影响。

5.2 舰艇核动力装置的风险特征

核动力的突出优点促进了舰艇核动力装置的快速发展，但核反应堆的特殊风险又引起人们对核安全问题的普遍担忧，为掌握事故特征，做好事故防范，本节将重点介绍舰艇压水堆的风险源、风险影响因素及事故分类方法。

5.2.1 舰艇核反应堆的风险源

舰艇核动力装置核安全问题主要是由于其存在的特殊风险所导致的,这些特殊风险主要包括如下方面。

1. 堆芯裂变能的失控释放

反应堆运行期间,如果发生某些极端的事故工况,如控制棒从堆芯弹出去时,可能导致堆芯核裂变反应失控,反应堆储存的核能可以在瞬间释放,从而产生比额定功率高得多的能量。

一座热功率为 100MW 的反应堆,在发生弹棒事故时,1s 内反应堆瞬时最高功率可以达到 10000MW 以上!如果功率高到一定程度会造成燃料碎裂成炽热的颗粒,使得冷却水汽化,严重事故会引起蒸汽爆炸,引发严重后果。苏联 K-431 号核潜艇核事故、切尔诺贝利核事故就是该类事故的典型代表。但反应堆内发生的蒸汽爆炸与原子弹的核爆炸有着本质不同,由于反应堆内核燃料的固有安全特性,反应堆不会达到核爆的能量密度,因此不会发生核爆炸。

2. 强放射性

当前在役的核裂变反应堆经过运行后,会产生大量的裂变产物,这些裂变产物在很长时间内将具有非常强的放射性。对于一个 100MW 的舰艇核反应堆,其满功率连续运行到燃耗末期,放射性累积量将高达 10^{19}Bq 量级,将超过福岛核事故、切尔诺贝利核事故的放射性释放量。正常情况下,这些裂变产物及其产生的射线由多重放射性屏障,如燃料元件、一回路承压边界、堆舱层层包容着。但在事故条件下,一旦这些放射性屏障失效,部分放射性物质就可能释放到舱室或环境中,对工作人员、公众和环境造成危害。

3. 衰变热

与常规化石燃料不同,反应堆经过运行后燃料元件中就会有放射性裂变产物累积,就会产生衰变热,其释放的能量会随时间逐步衰减,但有些核素的半衰期很长,即使在停堆后很长时间燃料元件失去有效冷却时,衰变热仍可能导致堆芯烧毁,引发严重核事故。美国的三哩岛核事故、日本的福岛核事故均是由于衰变热无法及时排出,进而导致堆芯燃料元件过热、熔毁的。舰艇压水堆虽然运行的功率相对较低,但其衰变热影响仍不可忽视,为了应对反应堆的衰变热及其派生的后果,核动力装置配备了大量的系统、设备、仪器,这些设备的总量通常会占到核动力设备总数的 50%以上。

4．高温高压的水和蒸汽

压水堆核动力装置一二回路系统含有大量的高温高压冷却水或蒸汽，这些高温高压的水、蒸汽本身也是重要的风险源。舰艇压水堆运行期间，为了保持一回路系统高温的冷却剂不产生整体沸腾，必须保持非常高的工作压力，系统的工作压力一般在 15MPa 左右，如此高压系统，一旦承压边界发生破损，高温高压的冷却剂水会持续喷放出去。一回路系统冷却剂大量流失后，如果不能及时得到补充，堆芯燃料元件可能裸露，进而造成堆芯冷却性能急剧恶化，燃料元件烧毁。对于舰艇核动力装置，喷射的高温高压水还会对堆舱内的结构件、电气设备等造成威胁，并直接导致堆舱温度、压力上升，危及堆舱的完整性。

核动力装置二回路系统虽然没有一回路运行压力高，但一旦承压边界破损，高温高压（2 MPa 以上）的蒸汽会喷放到主机舱或辅机舱，可能直接威胁就地岗位操纵人员，也会影响到舰艇的动力及供配电保障安全。

5.2.2 舰艇核动力装置风险影响因素

核动力舰艇作为海上移动平台，受其使用环境、空间结构等条件的制约，还存在一些特殊的风险影响因素，主要体现在：

1．海域环境多变，机动性要求高，工况变化频繁

核动力舰艇根据自身任务的需要，经常需要改变使用海域，导致核动力装置运行的海区海况条件复杂多变。海洋作为核动力装置的最终热阱，海况变化对核动力装置的正常运行、停堆后余热导出都具有重要的影响，进而影响舰艇核动力装置的安全特性。而且相对于陆基核电厂，这种影响是快速的、持续的和反复的。

另外，舰艇核反应堆还需要根据使用的需要，频繁启停、不断变换运行工况，尤其在训练和战时条件下，反应堆的功率输出必须满足大范围快速负荷变化的需求。这些大范围快速的工况变化会导致核动力一二回路系统设备和工质的物理状态发生变化，控制调节系统将担负更繁重的调节任务，客观上容易导致控制系统故障率的提升。从系统材料力学方面分析，无论是频繁的启停堆还是负荷变动过程，都会对核动力装置设备管路的安全带来负面影响。而且，核动力装置事故后的动态响应也与反应堆初始运行状态有关，运行工况的频繁变换也导致运行人员难以全面掌握装置在事故下的动态响应过程,某种程度上增加了人为失误的概率。这些运行特点都对反应堆安全特性有着不利影响。

2. 空间有限,系统冗余设置难,安全设施相对弱

相对于核电厂,舰艇上空间有限,对核动力装置的系统、设备设置都有着非常严格的限制,这导致专设安全设备的冗余性不足,一台设备往往需要兼顾承担多个功能,多个系统共用同一设备与管线的现象普遍存在。

另外由于堆舱内部空间有限,限制了核动力系统中冷热源的高度差,导致系统的自然循环能力受限,非能动安全功能不易实现。重要安全设备可能需要放置在同一个舱室,容易发生共因失效;安全供电的种类不够丰富,缺乏可靠的外界供电途径等。

总之,舰艇有限的空间条件严重制约了安全系统的独立、冗余设置,严重影响着反应堆安全系统的可靠性。

3. 装备运行环境相对恶劣,事故后应急维修难度大

舰艇核动力装置特殊的使用条件,导致装备运行环境条件恶劣,设备容易发生腐蚀、老化问题,进而导致设备性能下降甚至发生故障。受布置条件限制,一些专设安全设施还需要在事故下高温、高湿蒸汽环境中连续运行,对设备可靠性要求极高。由于设备之间过于紧凑,维修空间狭小,维修工具有限,现场应急抢修不易开展;部分事故下舱室还可能充斥着高温、高压蒸汽甚至高辐射的环境,抢修工作更是无法展开。

4. 人居环境一般,行动要求高,运行操纵压力大

核电厂从经济性角度考虑,基本上长期稳定在额定功率状态下运行,一般不进行大范围快速的功率变动,反应堆自动化控制程度很高,正常运行过程中操纵员干预行为较少,异常或事故条件下通过系统改进设计,大大减轻了对人员的干预要求。目前二代改进型核电厂事故条件普遍允许人员可以 30min 内不干预,留给运行人员有相对充足的时间进行分析研判。

舰艇核反应堆的应用环境决定了其输出功率变化频繁,人机交互密切;操纵员往往需要更加密切监控核动力装置安全状态的变化,及时准确判断、处置运行过程中可能出现的各类事件和事故,才能保障核反应堆的安全。而且舰艇核动力操纵员工作环境相对恶劣,人员劳动强度大、要求高、心理负担重,事故条件下允许判断和处置的时间有限,人员误动作可能性更大,对核动力装置运行安全的影响也更为直接。因此，对于舰艇核动力装置，无论是正常运行瞬变还是事故工况，其反应堆的安全更依赖于操作员积极正确的干预。

5. 碰撞、受敌攻击风险大，外部应急救援能力弱

核动力舰艇作为海上移动平台，长期海上航行过程中还存在舰艇碰撞、搁浅、翻沉等海难或舱室进水、火灾等灾难，进而可能导致反应堆安全功能丧失，危及核安全。另外，军用核动力舰艇战时还可能受到敌方攻击，舰艇生命力存在巨大安全威胁；一旦核动力装置关键设备遭受损坏，堆芯熔毁概率将明显增大。

当舰艇远离保障基地独立执行任务时发生事故，一般很难在短时间集结救援力量赶赴现场进行外部救援，外部支援与救援条件难以有效保障，对艇员自救能力要求高，但一般舰艇所载救援设备非常有限，救援效果难以保证。这些也将对反应堆安全保障有极大的负面影响。

5.2.3 舰艇核动力装置事故分类方法

核动力装置同任何其他复杂工业系统一样，可能存在设计建造和安装上的错误、运行和维护上的错误、设备磨损老化故障等问题，一旦这些问题导致堆芯产热与系统冷却能力之间的平衡被不可逆转地打破，就会引发事故。在核能开发利用过程，由于人员认知能力的限制、技术的不成熟、管理措施的失当、人员技能的低下、对核安全重视不够等原因，发生了几起严重的核事故，给核能的发展利用、人员环境的安全造成很大的负面影响。

通俗地讲，核动力装置核事故是指由于装置发生了异常情况，造成放射性物质大量外泄，致使工作人员、公众与环境受到超过辐射安全限值的事故。事故的起因一般是核动力装置能量的产生、传递、输运某个环节出现了问题，加上人员操作、处置不当而造成的。从核动力装置实践看，核事故始发事件的种类多样、事故响应进程复杂、事故后果差别巨大。为了分析研究的方便，需要对核事故进行合理的分类、分级。下面介绍几种常见的事故分类、分级方法。

1. 按事故发生的频率分

1970年，美国标准学会按反应堆事故出现的预期频率和可能的放射性后果把核反应堆运行工况分为四类，舰艇压水堆在开展事故分类时一般也采用这种方式。

工况一：正常运行和运行瞬态，预计概率 $f=1$。

工况一是指核动力装置在功率运行、维修、换料和试验期间经常出现的事件。主要包括核反应堆的正常启动、停闭和稳态运行，核反应堆的运行瞬态，带有允许偏差的极限运行。该类工况定义的事件可能会导致装置一些物理参数发生变化，但变化值不应达到反应堆保护系统整定值。

工况二：中等频率事件，预计概率为 $10^{-2} \leqslant f < 1$。

工况二是指整个反应堆使用寿期以中等频率发生的事故，在整个寿期内预计会发生一次或数次。该工况发生后最多触发反应堆紧急停堆，采取纠正措施或排出故障后，可恢复反应堆低功率或正常运行。该工况不允许损坏包容裂变产物的任何一道安全屏障，放射性释放值应在法规允许的安全范围内。

工况三：稀有事故，预计概率为 $10^{-4} \leqslant f < 10^{-2}$。

该工况定义为核动力装置在整个寿期的运行和试验中，极少发生的事故。该工况可能造成反应堆停堆，并需要专设安全措施投入工作控制事态发展，堆芯可能少量损坏但不应造成更严重的后果。

工况四：极限事故，预计概率为 $10^{-6} < f < 10^{-4}$。

极限事故是指发生概率极低、假想可能发生但后果严重的事故，可能导致大量放射性物质释放的危险。其发生概率要小于 $10^{-4}/$（堆×年），从统计学观点看，即假设 400 多座核反应堆连续运行 20 多年平均可能会发生 1 次极限事故；但这只有在大量运行堆年累积的基础上才近似成立，并不意味着当前 400 多座核电厂每运行 20 年一定会发生一起极限事故。核事故的统计概率也表明核事故不是核反应堆运行到一定年限才会发生事故，而是从核动力装置开始运行到退役的整个期间都可能发生。美国三哩岛核事故是在反应堆刚建好投运 1 年多时发生的，日本福岛核事故则是其已经运行了 40 年时发生的。

核动力反应堆的实践表明，异常或故障是核装备的必然属性，事件可能有大有小，有轻有重，但肯定会发生的。核反应堆安全研究的目的就是尽可能降低事件（事故）发生的频率、避免异常事件转化为核事故、限制并缓解事故的后果、采用有效的核应急准备与响应来限制核事故的后果影响。

2. 按能量平衡影响分

核反应堆安全运行的基础是要提供一种有效的传输热机制，确保核动力装置一直处于动态的能量平衡过程，及时将堆芯产生的热量导出并完成转化利用后传递到最终热阱——大海。核反应堆运行过程中，产热过量增加超出系统冷却能力或冷却能力异常下降都可能导致堆芯过热而熔化，影响堆芯的安全；而产热异常减少可能导致装置丧失正常功能,影响装置的可靠性。

从能量平衡角度,可将核动力装置的始发事故(事件)分为热源异常事故、传输热过程异常事故和热阱异常事故。热源异常是指反应堆运行过程中突然引入意外的扰动,导致堆芯总功率急剧增加或分布发生畸变,可能造成堆芯烧毁或局部熔化。传输热过程异常是指反应堆运行过程中传输热过程突发异常,导致堆芯冷却能力不足的事故,主要包括反应堆主冷却剂流量丧失事故和主冷却剂装量减少事故。热阱异常事故是指二回路系统故障或海水系统故障造成对一回路系统冷却不足,堆芯冷却剂入口温度过高,引起堆芯冷却能力不足,将最终导致堆芯过热,甚至造成放射性物质防护屏障破坏的事故。

3. 按事故的后果分

为方便人们对核事故后果及其安全影响的理解,国际核能机构根据事故对"公众和环境"的放射性影响、放射性屏障和控制的影响,以及对核安全"纵深防御"体系的影响,将核事件(事故)分为 7 个等级。将对核安全没有影响的事件定为 0 级,影响最大的定为 7 级,级别越高后果越严重,影响越大。1 到 3 级又称为核事件,4 到 7 级称为核事故。国际核事件分级表给出了明确的事故分级准则,7 级代表着最高级别,表明事故已经造成射性物质大量释放,具有大范围公众健康和环境影响,要求实施核应急计划和长期的应对措施。切尔诺贝利、福岛核事故为 7 级核事故。5 级表征反应堆堆芯可能已经受到严重损坏,但放射性物质释放非常有限,可能要求实施部分计划的应对措施,三哩岛核事故为 5 级核事故的典型代表。

核事故的分级,对于向外界通报核事故影响的严重程度,建立了一种便于理解、统一的标准,对公众了解事故的严重程度具有重要意义。舰艇压水堆在核事故分级过程中也借鉴了国际核事件分级方法,只是根据自身特点对部分分级准则进行了适当的修订。

5.3 舰艇核动力装置典型事故的响应特征

上一节介绍了核动力装置的风险源、风险影响因素及事故分类方法,本节将重点介绍几类典型事故的响应过程、安全影响因素及事故特点,为掌握事故应对策略奠定基础。

5.3.1 反应性事故及其响应

在反应堆瞬态分析中，常用反应性来表征反应堆偏离临界的程度，反应性等于零表示反应堆处于临界状态，核功率维持不变；反应性大于零表征反应堆超临界，核功率将不断增加；反应性小于零表征反应堆次临界，功率不断降低。**反应性事故**是指反应堆正常运行时突然向堆内引入一个意外的反应性扰动，导致反应堆功率激增或分布异常的事故，也就是热源异常事故。舰艇压水堆主要通过控制棒控制反应性，控制棒抽出堆芯将引入正反应性，插入堆芯将引入负反应性。这样根据反应性扰动的引入机理，这类事故又可分为控制棒失控抽出事故、掉棒事故、卡棒事故、弹棒事故和冷水事故。

1．控制棒失控抽出事故

该事故是指反应堆运行期间，因控制棒驱动机构故障或人为操作失误，导致控制棒组从堆芯失控提升的事故。控制棒失控抽出将向堆芯引入正反应性，导致核功率增加，这时负荷还没发生变化，这样增加的核功率将不断加热堆芯，导致堆芯平均温度、系统压力上升，严重时将威胁堆芯安全。这时稳压器如果已经建立汽腔，可以抑制压力快速增加，一般不会导致系统快速超压，堆芯内部的温度负反馈机效应可以抑制功率增加幅度，功率自动调节系统、保护系统的动作将影响事态的发展。

2．掉棒事故

反应堆功率运行期间，可能因控制棒驱动系统失效导致控制棒组件掉入堆芯，如果堆芯反应性大幅度下降，可能导致停堆、核动力装置失去正常功能；如果堆芯反应性小幅度减小，将引起功率减小、堆芯平均温度下降，这时堆芯反馈调节机制和控制系统的自动动作，将提升核功率达到新的平衡。但这个过程造成的功率分布畸变在某些工况下也可能导致反应堆局部烧毁，因此，对掉棒事故的安全问题也不能掉以轻心。

3．卡棒事故

卡棒事故是指反应堆运行期间某束控制棒被卡在某一高度，无法正常抽插的事故，发生卡棒后，最佳提棒顺序将受到限制，如果改变提棒方案将会造成局部功率分布畸变增加，对核反应堆安全不利。卡棒事故还会影响停堆深度，特别是控制棒棒组被卡的数目多时，在反应堆需要紧急停堆时，可能无法实施停堆并保证足够的停堆深度，严重威胁堆芯的安全。因此，舰艇压水堆一般还备有应急的停堆手段。

4．弹棒事故

压水堆控制棒驱动机构一般安装在堆顶外面的小耐压壳内，一旦小耐压壳体密封破裂或与反应堆连接处断裂，在反应堆内外压差的作用可能将控制棒冲出活性区，相当于向堆芯引入了一个大的正反应性，并在堆芯顶部产生一个一定面积的破口，这类事故称为弹棒事故，该事故属于压水堆的极限事故。事故发生后，反应堆核功率、堆芯燃料温度将急剧上升，可能导致堆芯烧毁，燃料元件的负温度反馈效应对抑制功率增长具有重要意义。该事故还相当于引发了一个中破口失水事故，失水事故也将严重影响着堆芯的安全。

5．冷水事故

根据压水堆的设计特征，反应堆具有负的温度反馈效应，即功率升高、温度升高时将有负的反应性反馈效应，可以自动抑制功率增加。但同时也带来了如果意外向堆芯引入冷水，将相当于意外向堆芯引入正反应性，会导致堆芯功率快速增加，引发核安全风险。核动力装置稳定工况运行期间，二回路给水温度突然降低、二回路蒸汽管道破损、隔离环路被冷却后突然投入都可能引发冷水事故。

从上述事故响应过程可以看出，热源异常事故主要是由于功率激增或畸变，导致堆芯产热与系统传输热不平衡，超出堆芯传输热能力而酿成的安全问题，在事故响应过程，堆芯的负温度反馈效应、功率调节系统、保护系统的作用对事故响应进程有着重要的影响。

5.3.2 失流事故及其响应

主冷却剂流量丧失事故是指反应堆功率运行期间，突发异常导致一回路系统冷却剂流量减少或完全丧失，反应堆的功率滞后于流量的下降，导致堆芯冷却能力不足，造成堆芯热量无法及时导出而威胁堆芯安全的事故，简称失流事故。反应堆功率运行期间，一旦堆芯冷却剂流动不足，将导致冷却剂与燃料元件的对流换热系数降低，燃料元件的传热能力下降，还会导致冷却剂的输热能力急剧下降，从而导致堆芯温度升高、系统压力升高，威胁燃料包壳及一回路压力边界的安全。

依据舰艇压水堆主冷却剂系统的设计特征和运行实践经验，诱发失流事故的主要原因有：回路系统的驱动压头减少，包括主泵故障停运、自然循环流动期间重力压头降低等；回路阻力增加或流道堵塞，主要包括回路中阀门故障，堆芯流道阻塞，燃料元件肿胀造成的系统流动阻力增加或流通面积降低。根据冷却剂流量降低的情况，该类事故又可细分为部分流量丧失事故和全部流量丧失事故两类；分别简称为部分失流事故和全部失流事故。

1. 部分失流事故的响应过程

部分失流事故主要是由于一侧环路上的泵、阀故障或堆芯流道局部堵塞引起。核动力装置主回路系统一般设置有多个环路，任何一个环路上的主泵发生断电、断轴或卡轴故障时，该回路中的流量将迅速衰减，进而导致堆芯流量衰减，该类事故短期内会导致堆芯传热恶化，流量衰减速率对事故响应进程有重要影响。经过短暂时间后，就看能否及时降低反应堆运行功率、隔离故障环路偏环运行。对回路上设有止回阀的双环路反应堆，隔离故障环路后堆芯平衡流量将略大于初始流量的一半，反应堆还可以输出略大于50%额定功率。

对于环路主泵异常导致的部分失流事故，主泵卡轴故障、流量衰减最快，反应堆系统设计要求必须能应对一侧环路主泵卡轴事故。对于堆芯局部堵塞导致的流道面积减小问题，根据系统的流动阻力特性，只有在流道大面积减少时，流量下降才比较明显，因此该问题具有一定的欺骗性。

2. 全部失流事故的响应过程

对于舰艇核动力装置，全部失流事故主要是由于主泵断电或全船断电引起的，其中全船断电事故后果更为严重。该类事故发生后，控制棒驱动机构同步失电，控制棒自动掉入堆芯，反应堆停堆，但停堆后的功率衰减速率往往小于流量下滑速率，短期内，将导致反应堆传热过程快速恶化，可能发生沸腾危机。主泵惰转特性对短期内事故的响应过程有重要影响，长期的安全影响主要是看回路中能否建立起一定的自然循环流量，导出堆芯衰变热。

所谓自然循环是指对于具有冷源、热源特征的闭合系统（冷源中心位置高于热源），不依赖外界的动力源，仅在重力作用下，利用流体经过热源加热后密度降低、经过冷源冷却后密度升高所形成的冷、热流体的密度差，形成的重力压头驱动流体流动的一种能量传输方式。该种循环流动是利用自然法则所建立，客观上不依赖外界能动条件，具有更高的可靠性，现在在核反应堆安全系统的设计中得到了广泛的应用。

全船断电事故发生后,如果反应堆的自然循环流动未能建立起来,则堆芯衰变热将持续加热堆芯,导致堆芯温度、压力升高,压力升高到一定程度就会引起安全阀起跳,压力下降后再回座;然后压力再升高、再起跳,整个过程将造成冷却剂不断流失,最终可能导致堆芯燃料元件裸露而熔化。其中停堆前运行功率越高、衰变热越大,事故响应进程也就越快。该类事故后果严重,属于极限事故工况。

从上述分析可以看出,失流事故的起因在堆芯流量突然降低,流量衰减特征对事故后果有重要影响,对单侧主泵故障引起的局部失流事故,如果能及时隔离故障环路,反应堆就可维持一定的运行功率。对于断电引起的全部失流事故,短期内反应堆安全是有保障的,后期就看能否建立起有效的自然循环导出堆芯衰变热。

5.3.3 失水事故及其响应

失水事故是指反应堆及一回路系统承压边界发生破裂,冷却剂大量泄漏、造成反应堆冷却剂装量减少的事故。严重时可引起堆芯烧干裸露、传热恶化、燃料元件大量熔化,同时喷放的高温高压冷却剂如果泄漏到堆舱,还将威胁堆舱的安全。该类事故是因第二道放射性屏障失效引起,同时又会直接威胁第一、第三道放射性屏障的事故,属于压水堆需要重点防范的事故,又称为主冷却剂丧失事故。

根据压水堆的运行实践,容易导致一回路承压边界失效问题,主要包括:大小支管间焊缝连接处的振动破损,管道或焊缝因腐蚀发生穿透性缺陷,边界阀门密封失效或误开启,蒸汽发生器 U 形管破裂等。破口大小及位置对事故响应进程影响较大,按照破口的大小不同,失水事故可分为大/中破口失水事故(极限事故工况)、小破口失水事故(稀有事故工况)。按照破口位置的差异,失水事故又可细分为一回路冷却剂管道热端破裂事故、一回路冷却剂管道冷端破裂事故、稳压器泄压阀误开启事故、蒸汽发生器 U 形管破裂事故。

1. 大中破口失水事故的响应过程

反应堆功率运行期间,如果突然发生大中破口失水事故,系统压力将快速下降,系统响应过程主要包括系统泄压、堆芯再注入、堆芯再淹没和长期冷却四个阶段。

在泄压阶段，系统会先后经历过冷喷放、饱和喷放或过热喷放过程，破口大小不同，各阶段持续的时间也不同。过冷喷放时，系统压力由额定压力很快下降至饱和压力，破口处产生压力波，由破口向上游传播，可能对堆内构件造成机械破坏。饱和喷放时，系统压力不再迅速地变化，但密度变化较大，可能会发生沸腾危机，造成堆芯损坏。过热喷放阶段，堆芯衰变热可能使冷却剂温度升高至饱和温度以上，产生单相蒸汽，蒸汽从破口流出，系统压力、堆芯水位快速下降，很快可能导致堆芯干涸。在衰变热的持续作用下，燃料元件温度快速升高，燃料包壳温度升高到一定程度将引发锆水氧化反应，产生氢气与热量，燃料芯块温度高到一定程度将超温熔化。

在泄压阶段，随着系统压力的不断降低，低压信号触发保护系统动作，安全注射系统投入运行，事故进入再注入阶段。再注入阶段开始于安注的冷却水首先到达反应堆下腔室、使堆芯水位重新回升之时，结束于水位到达堆芯活性区底端之时。在该阶段，堆芯裸露后，燃料元件主要依靠热辐射及蒸气的对流换热进行冷却，冷却效果较差，锆水反应强烈，将释放更多的热量，燃料温度可能会快速增加。

随着安注水不断注入堆芯，堆芯水位达到堆芯底端并开始向堆芯上升的时刻，事故进入再淹没阶段，当冷却剂重新淹没堆芯时，再淹没阶段结束进入长期冷却阶段，后面就是如何确保堆芯衰变热的长期导出问题了。如果破口发生在主冷却剂系统的冷端且尺寸较大时，堆芯冷却剂将不再按照设计方向流动，会发生倒流现象，在安全注入时将会出现汽液两相逆流现象，难以实现冷却剂的再注入和堆芯的再淹没。

2．小破口失水事故的响应过程分析

一回路小破口失水事故的响应进程宏观上与大中破口失水事故类似，但在物理上有自己的特点。由于破口相对较小，泄压速率和泄漏速率都相对缓慢，在一定时间内可以维持一定的压力和堆芯水位。事故过程只有喷放、再淹没和堆芯长期冷却 3 个阶段，没有再注入阶段。对特定尺寸的小破口，可能单单靠冷却剂流失带走的热量不足以排出全部衰变热，需要其他的排热手段，蒸汽发生器二次侧热阱在事故早期起着重要的排热作用。小破口失水事故持续时间相对较长，热工水力现象复杂，事故过程依赖人员干预，容易引发人因失误，造成事故叠加。

从上述分析可知，反应堆运行期间突发一回路管道破损，破损处突然失压，会在一回路系统内形成一个很大的冲击波，容易导致堆内构件、部件机械破坏。另外，该事故还可能导致堆芯失冷烧毁、锆水反应、堆舱完整性丧失、放射性物质大量释放。事故响应过程主要受初始运行工况、破口位置、破口尺寸、专设安全设施响应的影响。事故响应迅速、危害较大，易发叠加故障，需要重点防范。

5.3.4 二回路系统排热减少事故及其响应

核反应堆功率运行期间，装置的多个系统间处于能量的动态平衡过程，如果突发二回路系统或海水系统异常导致系统排热能力减少，对一回路系统的冷却能力不足，也会影响反应堆安全，这类事故属于热阱丧失事故。美国三哩岛核事故就是由热阱丧失事故诱发，该类事故也是核反应堆安全研究的重点。

根据舰艇核动力装置的设计和运行特征，引起二回路系统排热减少或丧失的始发事件主要有冷凝器真空丧失、蒸汽发生器给水减少或丧失、蒸汽负荷骤减、给水管道破损、海水系统异常等，下面分别介绍它们的响应特征。

1. 冷凝器真空丧失事故的响应特征

舰艇核动力装置二回路系统运行过程，主要是靠在冷凝器内维持一定的真空，对乏汽形成抽吸效应，促进蒸汽的循环流动。一旦冷凝器真空丧失，会导致用汽设备进汽阀速关，二回路系统功能丧失。反应堆功率运行时发生冷凝器真空丧失事故，蒸汽发生器二次侧的给水流量和蒸汽流量将迅速减少，二次侧排热能力迅速减小，反应堆冷却剂温度上升，进而危及堆芯安全。

舰艇核动力装置一般设有多个冷凝器，真空同时丧失的概率极小。为此，在分析过程主要考虑如下两种工况：一种是主冷凝器真空丧失，将导致主机进汽阀速关和主机停运，但辅冷凝器有效；另一种是辅冷凝器真空丧失，导致汽轮发电机不能工作，舰艇正常电源丧失。造成冷凝器真空异常的原因不同，呈现的现象也不同：有缓慢下降的，有快速下降的，也有发生波动的，真空一旦出现异常，将严重影响汽轮机装置的工作，运行人员需要及时查出原因，采取措施，才能保证汽轮机装置的正常运行及全舰电网的安全。

2. 给水流量完全丧失事故的响应特征

根据舰艇核动力装置的设计特征，凝给水系统正常运行时，是由凝水泵从冷凝器吸水增压，然后在给水泵作用下经给水调节阀将水输送至蒸汽发生器二次侧，蒸汽发生器的水位由水位调节系统调节。这样，蒸汽发生器水位测量系统故障、给水泵故障、给水调节阀异常、主凝水泵故障，或者是全艇电源丧失都会导致给水流量丧失，该类事故属于一般事故工况。

该类事故发生后，由于蒸汽发生器给水流量不足，蒸汽发生器二次侧的水装量将快速下降，导致二次侧从一次侧吸热能力减小，反应堆冷却剂系统的温度、压力上升。如果给水流量不能及时恢复，将导致蒸汽发生器低水位（或干锅）事故，必须立即停止二回路系统供汽，尽量避免蒸汽发生器完全烧干，否则容易造成蒸汽发生器损坏，增大后续处理难度。

3. 主给水管道破裂事故的响应特征

核动力装置运行过程中，如果给水管道破裂，且破口大到足以阻碍提供充足的给水到蒸汽发生器，这就叫主给水管道破裂事故。破口位置不同，事故响应进程不同，最严重的情况是破口位于止回阀和蒸汽发生器之间的给水管道上，这样蒸汽发生器中的水会通过破口倒流并泄漏出去。该类事故属于极限事故工况，其对反应堆安全的影响与给水流量丧失事故类似，事故瞬变过程中可能因反应堆出口冷却剂温度高触发反应堆紧急停堆；或当蒸汽发生器二次侧压力低于一定值时，主机和辅机速关，操纵员手动停堆。但主给水管道破裂还会导致二回路系统一定温度的水泄漏到舱室，危及舱室设备和人员的安全。国外压水堆核电厂已经发生过几起类似的核事件，对人员和设备安全造成了重大影响。

4. 海水系统异常导致的排热减小

根据舰艇核动力装置的设计，海水是舰艇核反应堆的最终热阱，反应堆功率运行时，主要是通过循环水系统提供足够的海水冷却蒸汽冷凝器中的乏汽；停堆后的余热排出过程，是由海水系统提供海水冷却余热排出冷却器，将衰变热带到大海中。

当海水系统异常，不能提供足够的海水来冷却相关系统时，将无法把反应堆的热量带到海水中，造成堆芯欠冷过热，可能会危及堆芯安全，最严重的情况是舰艇搁浅或其他原因导致海水系统流量彻底丧失，最终可能需要外接冷却装置来冷却反应堆，才能确保反应堆安全。

5.3.5 二回路系统排热增加事故及其响应

核反应堆稳定功率运行期间,二回路系统引起的排热增加将导致一回路系统入口温度降低,引发堆芯冷水效应,导致核功率升高,严重时也可能危及堆芯安全。根据装置特征,引起二回路系统排热增加的始发事件主要包括蒸汽发生器给水温度异常降低事件、蒸汽发生器给水流量异常增加事件、蒸汽管道破损事件等,下面具体介绍各始发事件的响应特征。

1. 给水温度降低引起的排热增加

核反应堆功率运行期间,给水加热器故障导致其丧失应有的功能时,通往蒸汽发生器的给水温度将突然降低,引发排热异常增加,该类事故属一般事故工况。排热增加的幅度随运行负荷和给水流量的增加而增加,对于这种瞬变,反应堆处于额定功率且处于手动控制运行时最为严重。

2. 给水流量增加引起的排热增加

反应堆功率运行期间,如果给水控制系统故障或操纵员失误导致给水调节阀处于大开位,将引起蒸汽发生器给水流量过度增加;给水流量增加也会使反应堆冷却剂平均温度降低,引发冷水效应,导致反应堆功率异常增加,该类事故属于一般事故工况。

该事故会导致受影响的蒸汽发生器二次侧水位快速上升,虽然蒸汽发生器二次侧压力变化不大,但出口蒸汽品质会不断恶化,给二回路用汽设备带来不利的影响。另外,该类事故响应迅速,如果操纵员不能及时诊断事故状况,并采取正确的干预措施,可能会导致蒸汽发生器二次侧满水、系统超压,进而叠加诱发新的事故,可能造成严重后果,需要重点防范。

3. 蒸汽流量增加引起的排热增加

核动力装置为解决二回路突然降负荷时,一二回路的能量不平衡问题,防止一二回路系统超压,设置了蒸汽排放系统,当一二回路功率差达到一定程度或二次侧压力过高时,触发蒸汽排放系统自动排放一部分蒸汽,以保证核动力装置的安全。但实际运行中,如果蒸汽排放系统误动作,蒸汽流量突然增加则将引发排热增加,可能影响堆芯安全,同时又会造成蒸汽发生器水位过低或问题。该类事故属于一般事故工况。

4. 主蒸汽管道破损引起的排热增加

二回路主蒸汽系统部分为高压管道、部分为低压管道，管子制造、焊接及安装上可能存在质量问题，并且会长期受到外部冲击和蒸汽压力的交变作用，一旦某个薄弱环节发生破损或密封失效，就会引发蒸汽外逸，引起蒸汽流量增加、造成系统排热增加。

蒸汽系统一旦出现破损，大量高温蒸汽将泄漏至舱室，如果破口发生在堆舱段，高温高压的蒸汽将引起堆舱压力的升高，威胁第三道放射性屏障（堆舱）的完整性。如果破口发生在机舱，高温高压的蒸汽将引起机舱温度、压力升高、湿度增大，舱室蒸汽弥漫、能见度较差，将导致难以快速准确判断泄漏位置，且泄漏造成的高温环境又将妨碍人员接近处理。事故发展过程，可能会使人窒息、烫伤，并直接影响设备、特别是电气设备的正常运行，还可能会造成电气系统短路，引发火灾等次生灾难。因此，二回路蒸汽管道泄漏导致的排热增加事故是一种危害很大的事故，需要高度关注。

该类事故响应进程十分复杂，不同的初始功率水平、破口大小、破口位置和干预操作，事故的响应也不同。泄漏流量与破口面积、蒸汽压力相关，事故初期蒸汽泄漏流量较大，后随蒸汽压力下降而减小；事故过程中将伴有巨大噪声。其中最严重的工况是额定功率运行时主蒸汽管道的双端断裂，其将导致最严重的蒸汽泄漏和反应堆过冷却，堆芯功率快速上升，将触发超功率保护系统动作，保护系统可以保障反应堆的安全，可一旦诱发断电等次生灾难，将威胁反应堆的堆芯安全。

5.3.6 未能紧急停堆的预期瞬态及其响应

未紧急停堆的预期瞬态（ATWS）是指在一些Ⅱ类工况（一般事故工况）发展过程，虽然核动力装置运行状态参数超过了保护系统整定值，但由于反应堆保护系统电气故障或机械故障，导致控制棒不能插入堆芯，从而造成不能紧急停堆或实施反插的预期瞬态，简称 ATWS。该类瞬态是假设在发生第Ⅱ类工况下要求紧急停堆或反插时，控制棒拒动所造成的，属于事故叠加问题，其发生概率等于紧急停堆系统发生故障的概率和未能紧急停堆时有明显后果的事故瞬态频率的乘积，发生概率极低，属于超设计基准事故。

美国核安全管理委员会（NRC）的目标是要将 AWTS 的事故发生概率降到每台机组每年 $10^{-6} \sim 10^{-7}$，小于极限事故的发生概率。而根据理论分析，在役核电厂实际上紧急停堆系统发生故障的概率约为每台机组每年 $10^{-4} \sim 10^{-5}$，Ⅱ类工况诱发保护停堆的频率为每年可能会出现几次左右。因此，Ⅱ类工况诱发的 ATWS 发生的概率值远大于 NRC 要达到的目标。为降低 ATWS 所带来风险，主要有三种办法：一是进一步降低Ⅱ类事故的频率；二是提高紧急停堆系统的可靠性，这就要求备用的紧急停堆系统关键时候要管用；三是采取各种非常规的运行措施，限制 ATWS 所产生的后果。

舰艇核反应堆针对该类事故，设置有备用停堆系统，在安全上的要求事故过程中冷却剂系统不能发生不可接受的超压、堆芯不能熔化。操作员在判断出发生 ATWS 后，可采取手动停堆或应急停堆措施使反应堆维持次临界，同时投入余热排出系统带走堆芯衰变热，保证装置的长期安全。

舰艇压水堆需要重点关注的未能紧急停堆的预期瞬态主要包括给水流量完全丧失诱发的 ATWS、反应堆冷却剂强迫循环流量全部丧失诱发的 ATWS、反应堆功率运行时一组控制棒组件失控抽出诱发的 ATWS、热态零功率下一组控制棒组件失控抽出诱发的 ATWS。下面将依次介绍它们的响应过程。

1. 给水流量完全丧失诱发的 ATWS

在舰艇核动力装置运行过程中，如果发生给水流量完全丧失事故，蒸汽发生器二次侧水位将迅速下降，导致二回路排热能力下降，进而造成反应堆冷却剂系统升温、升压；当达到反应堆出口温度高停堆整定值，或汽轮发电机停运断电触发停堆，但控制棒发生拒动（ATWS）时，反应堆依靠负温度效应也可以使核功率降下来，但由于事故导致蒸汽发生器二次侧丧失了排热能力，堆芯能量无法排出，不断加热一回路系统，将导致一二回路系统温度、压力不断上升，触发稳压器泄压阀开启。核动力装置发生给水流量完全丧失的 ATWS 事故时，反应堆短期内的安全是有保障的，但需要尽快采用备用手段停堆，并考虑长期有效的排热手段，防止一二回路系统超压。

2. 反应堆冷却剂流量完全丧失诱发的 ATWS

反应堆冷却剂流量完全丧失诱发的 ATWS 事故是指反应堆运行中冷却剂泵故障停运时，堆芯冷却剂流量迅速下降触发了反应堆冷却剂流量低紧急停堆信号，但控制棒拒动的事故（即发生 ATWS）。事故发生时，如果反应堆处于功率运行状态，冷却剂流量减小将引起反应堆冷却剂温度快速上升，依靠慢化剂的负温度效应也可以降低核功率值。需要运行人员尽快采用备用手段停堆，并考虑长期有效的排热手段，防止一二回路系统超压。

3. 反应堆功率运行一组控制棒组件失控抽出诱发的 ATWS

该类事故是指功率运行期间一组控制棒组件失控抽出时，达到反应堆出口超温停堆或超功率反插保护定值，但反应堆没能实现停堆或反插功能，功率增加以及随后产生的反应堆冷却剂温度上升对堆芯安全极为不利。核反应堆控制棒失控抽出并诱发的 ATWS，短期内反应堆不会发生沸腾危机，堆芯是安全的；但需要依靠操作员尽快干预，将反应堆过渡到长期安全停堆状态。

早期在核反应堆安全设计时，主要是考虑设计基准事故，认为事故叠加等超设计基准事故发生的概率较低，可以不用考虑，但三哩岛等事故的发生使人们认识到有些超设计基准事故也是会发生的，一样需要认真分析，并尽可能考虑设置可靠的应对措施。

5.4 舰艇核动力装置核安全基本策略

核能的发展应用启示人们，核安全是核能发展的基础，在舰艇核动力装置发展过程，必须时刻把核安全摆在首位。为保障核安全，必须在任何情况下确保核反应堆三大安全功能的实现，即反应性的控制、堆芯的冷却和放射性产物的包容。本节将重点探讨怎么才能确保反应堆安全功能的实现，行之有效的策略主要包括贯彻落实核安全基本原则、持续推动核安全技术进步、强化全寿期核安全保障、大力建设推广核安全文化。

5.4.1 贯彻落实核安全基本原则

核能几十年的发展和几起严重的核事故教训告诉我们，贯彻落实核安全基本原则是做好核安全工作的基础，其内涵主要包括贯彻纵深防御原则、单一故障准则和设计基准事故准则。

1. 纵深防御原则

纵深防御原则是指由于核事故极端恶劣而深远的影响，需要通过采取多种措施、建立多级防御体系，层层防护才能确保核安全万无一失，现在一般共分为 5 道防线。

第一道防线是事故的预防，主要措施有：精心设计，精心施工，确保设备精良；建立一整套完整的质量保证和安全标准；加强对人员的教育和培养，在全行业内宣传贯彻核安全文化，形成全员重视安全、人人关心安全、个个追求卓越的良好文化氛围；通过全面提高系统设备质量和人员素质，有效降低各类异常事件发生的概率。

第二道防线是防止偏差发展为事故，主要措施有：在设计中设置必需的保护设备和系统，在探测出危及反应堆安全的瞬变时，完成适当的保护动作。同时还按照保守的设计实践来设计这些监控保护系统；并配有供重复探测、检查和控制的手段，确保系统具有高度的可靠性。在运行过程加强管理和监督，及时正确处理一些异常情况，排除故障隐患。通过全面实施上述安全保护措施，可在异常状态发生时有效防止其向事故状态发展。

第三道防线是限制事故后果，主要措施有：针对各种预期假想的事故，设置专设安全设施，在事故发生时通过启动这些安全设施和必要人员的干预，保证多道屏障的完整性，限制事故引起的放射性后果。

第四道防线是应付已超出设计基准的严重事故，主要措施包括：启用严重事故管理导则，利用核反应堆的各种安全级和非安全级系统，加强事故过程的管理，防止事故扩大，减缓放射性包容功能的失效，限制放射性释放的量值。

第五道防线是减轻事故工况下可能的放射性物质释放后果，主要是通过核应急准备，在万一发生极不可能发生的事故、并且造成放射性外泄时，启用应急响应计划，努力减轻事故对人员和环境的伤害。

上述防线是相互补充、层层递进的关系。为贯彻纵深防御原则，舰艇压水堆设置了多道放射性屏障，任何时候只要其中有一道屏障是完整的，就不会发生大量的放射性物质外泄事故。

第一道屏障是反应堆燃料元件，包括燃料芯块和包壳。对采用二氧化铀陶瓷燃料的核反应堆，核裂变过程产生的放射性物质98%以上滞留在芯块中，另外还有少量气态物质滞留在燃料包壳内，只要燃料元件没有破损熔化，放射性产物就不会释放出来，大量的放射性物质就被限制在堆芯燃料元件中，大量的射线将被屏蔽在反应堆内。

第二道屏障是一回路承压边界。核反应堆一回路系统都是密闭的、耐高压的，只要承压边界不失效，冷却剂中的放射性物质就不会泄漏出去。

第三道屏障是核反应堆堆舱。核电厂也称安全壳，是一个具有一定承压能力的密闭空间，基本功能是包容反应堆及一回路系统，在正常和事故条件下，是包容放射性物质的最后一道屏障。事故条件下即使前两道屏障失效，只要堆舱安全功能不失效，也可以有效防止放射性向外界的迁移。

2. 单一故障准则

核反应堆核安全问题某种程度上也是反应堆系统设备的可靠性问题，为防止重要安全系统某个部件发生单一随机故障导致其预定安全功能丧失，设计时要求关键安全系统必须满足单一故障准则。所谓单一故障准则，是指满足单一故障准则的设备组合，在其任何部位出现单一随机故障情况下，也能确保它的预期功能。在工程实际中，为了遵循单一故障准则，一般要应用以下措施：

（1）冗余性设计，即对关键系统或部件采用备份设计。

（2）独立性原则和多样性设计，即系统设计时应采用功能隔离或实体分隔，并采用多样性设计，即通过不同工作原理、不同方法来实现类似功能，从而减少共因故障或共模故障，提高系统的可靠性。

（3）失效安全设计，即系统或部件发生故障时，核反应堆应能自动进入偏安全状态。

3. 设计基准事故准则

现在反应堆设计中还多采用设计基准事故准则，所谓设计基准事故（Design Basis Accident，DBA）是指在设计时选择一系列的假想事故清单作为设计基准，通过分析评估确认所设置的安全设施能防范这些事故，就可以满足预期要求。

以设计基准事故为基础的安全评价方法称为确定论评价法。现在各国所制定的核安全法规及对核设施的审批，主要是基于上述设计原则。即根据工程经验和社会可接受的程度，人为地将部分事故分为"可信"与"不可信"两类，可信的事故就列为设计基准事故，但可信与否一方面取决于工程实践，另一方面是根据人为经验判断，受人员主观因素影响较大。对压水堆来说，早期将主冷却剂管道双端断裂作为最大可信事故，在设计中进行了严密防范，但后来认识到小破口失水事故对压水堆安全影响更大，因此当前在核反应堆设计时，一方面在不断完善设计基准事故清单，另一方面也将概论安全评价方法作为安全设计评价的重要手段。

5.4.2 持续推动核安全技术进步

反应堆潜在的巨大风险，特别是几起严重核事故的发生，不断引起人们对核能安全的高度重视，加深了对反应堆安全风险的认知，也促进了核安全技术的持续改进，反应堆安全性能也得到了不断提高。从安全系统的设计看，目前核能界主要采用以下几种安全性设计来保障反应堆的安全。

1. 能动的安全性设计

是指安全系统功能的实现需要依靠能动设备（有源设备），即需由外部条件的保证才能实现预期功能，例如在事故停堆后的堆芯冷却阶段，能动的余热排出系统需要泵持续运转推动冷却流体循环流动，而泵的运转依赖电力供应；一旦发生极端事故导致电力供应中断，系统功能也就失效了，而全部电力系统丧失恰恰就是福岛核事故发生的主要原因。

2. 冗余的安全性设计

是指为防止某一套安全系统失效，通过备份冗余方式设置多套系统，这些系统还可能要求采用不同原理设计，并保持相对独立，其中任意一套系统有效就可以实现预定的安全功能，冗余的系统设计将增加系统的复杂性。

3. 非能动的安全性设计

是指依靠惯性原理、重力法则、热传递法则、堆芯负的反应性反馈特性等自然科学法则或固有安全属性来设计安全系统，实现反应堆的安全功能。非能动的安全性设计，在反应堆出现异常工况时，可以不依靠人为操作或外部设备的强制性干预，只利用系统设计的自然属性和自然法则，来控制反应性并移出堆芯热量，使反应堆趋于正常运行或安全停闭。实现过程毋需外部的动力，因此具有高度的可靠性。非能动安全概念是20世纪80年代提出的，是当前先进反应堆的重要标志之一。

4. 非能动安全技术的发展

当前非能动安全技术主要包括自然循环冷却技术、非能动余热排出技术、非能动安全注射技术、非能动堆舱冷却技术等。

1) 自然循环冷却技术

前面已经介绍自然循环是指在重力作用下的闭合系统中，流体不依赖外界动力源，仅仅利用冷、热源流体的密度差所产生的驱动力而进行的循环流动。自然循环冷却技术是非能动安全设计的重要基础，对于舰艇核反应堆来说，通过提高反应堆的自然循环能力，可以在不启动主冷却剂泵时利用回路自然循环输出一定的功率，维持自然循环工况运行，这对降低舰艇噪声具有重要意义。

美国最早在 1969 年服役的"一角鲸"号核潜艇上就采用了自然循环压水堆，显著降低了噪声，并提高了装置安全可靠性。此后自然循环技术得到了大力的发展及应用，当前美、法、俄罗斯核潜艇的核动力装置可以在自然循环工况下，以较高的功率运行，大大提高了潜艇的隐蔽性和战术性能。

2）非能动余热排出技术

该技术是指在无需任何外部动力的情况下，利用多个环路自然循环将反应堆衰变热顺利带到最终热阱——大海，从而实现在发生全部电力丧失等极端事故时堆芯的安全冷却功能。图 5.7 为某核电厂的非能动余热排出系统，其利用自然循环可以将堆芯衰变热带到安全壳内置的换料水箱中，实现全厂断电情况下将能量从堆芯带出。

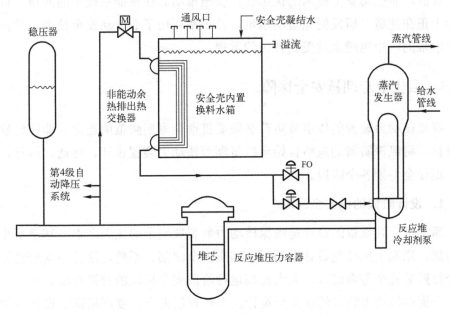

图 5.7 非能动余热排出系统原理图

3）非能动安全注射技术

该技术是指在反应堆发生冷却剂丧失事故后，依靠重力位差、蓄能压差等无源设备实现将冷却水注入堆芯，确保失水事故下堆芯的再淹没。

4）非能动堆舱冷却技术

该技术是指利用流体（含气体）被加热或蒸发、冷却或冷凝而产生的密度差形成驱动压头或位差形成的重力压头，在无需任何外部动力的情况下，就能实现堆舱冷却。

5. 非能动安全系统的应用

非能动安全系统的应用可以大大简化系统设计，减小系统运行失效概率；提高系统的安全性，使堆芯熔化概率降低 1 至 2 个数量级；并通过减少能动设备，降低了对应急电源的要求，也减少了设备的在役检查和维修，提高了系统的经济性。与同级别的核电机组相比，广泛应用非能动安全技术的 AP1000 核电机组，其系统阀门减少了 50%，水泵减少了 35%，管道减少了 80%，抗震构筑物减少了 45%，电缆减少了 70%。而反应堆堆芯熔融频率和大量放射性释放频率比第二代核电机组分别降低了 2 至 3 个数量级，在严重事故后无需人员干预的时间延长到 72 小时，也可有效降低人因故障的概率。

目前，非能动安全技术的优越性，快速推动其在核能系统中的应用，目前国际上正在建造、研发的先进压水堆，几乎都应用了非能动安全技术，其在舰艇压水堆的应用也越来越受到各国的重视。

5.4.3 强化全寿期核安全保障

舰艇核动力装置的核事故防范必须要贯彻全寿期防范的理念，即围绕核安全目标，将纵深防御的策略自始至终贯彻到核动力装置设计、建造、运行、维修、退役全寿期各个阶段。

1. 设计阶段的核安全保障

高水平、高质量的设计是确保核动力装置核安全的先天之本，基础不牢地动山摇，原则上应杜绝设计上的重大固有安全缺陷，不然，这种不安全设计可能会伴随装置全寿命过程，大大提高运行阶段安全风险的管控难度。

为提高核动力装置的核安全设计，在管理层面上，要严格落实设计单位与设计人员的资质许可制度和质量保证体系。技术层面上，要注重利用先进的、成熟的、已经过充分验证的工程技术手段，最大限度地提高装备的可靠性。不断优化人—机—环境的接口，提升装置监测与报警的自动化水平，尽可能减少运行安全对人员的依赖。重要安全系统采用冗余设计、故障安全设计、非能动安全性设计，增强事故下装置自身的安全应对的能力。加强舰艇核反应堆严重事故及其应对措施研究、核应急技术与核应急装备研究，不断强化纵深防御体系的各道防线。

2．建造阶段的核安全保障

如果说设计质量是核装备核安全的先天之本，那么建造质量就是核动力装置核安全的生命线。只有确保生产建造的质量才能将安全设计落到实处，才能消除事故的隐患，才能降低事故发生的概率。由于舰艇核动力装置大量采用非标件，其设备、系统生产安装的质量把控难度很大，实践过程中发生生产、建造的质量问题，将给反应堆安全带来重大隐患。对于核安全级设备，要严格组织全事故工况的鉴定试验，以保证确认这些设备即使在事故工况仍能完成其预定功能。

3．运行阶段的核安全保障

实践表明核动力装置大部分核事故都是在运行阶段发生的，设计、生产、建造的问题也可能隐藏到运行阶段才会暴露出来，因此，强化运行阶段的核安全保障是确保核安全的关键。而运行阶段的核安全保障主要取决于使用单位的核安全管理水平、运行支持技术能力、运行管理规程的完备性、人员的素质和运行经验反馈体系的运转情况。下面分别从管理、技术、人员、经验反馈等方面介绍如何才能做好运行阶段的核安全保障。

1）管理层面

运行单位要对核动力装置的运行安全负有直接责任。涉核管理人员必须熟练掌握核安全法规以及核安全技术条件要求，严格落实定期试验和可用性判定、核安全定期评估制度、核安全检查机制，在全单位倡导核安全文化。

2）技术层面

为了保障核动力装置的安全运行，必须建立完备的运行规程和运行支持技术保障体系。运行管理规程与严重事故管理导则是管理核动力装置、保障运行安全的法定依据。

3）人员层面

反应堆运行实践表明，在引发核动力装置的运行事故中，人因失误约占据50%以上。另一方面，人员正确、及时、有效的干预行为能够对事故预防、处置、缓解具有至关重要的作用。因此，提高涉核人员素质，尤其是提高核动力运行操纵员的能力素质是预防事故、处置应对事故的根本措施。

4）运行经验反馈方面

运行经验反馈作为一种系统化的核安全提升手段，越来越受到广泛重视。其是通过发现、分析和总结装备在研制、运行、维护等过程中的异常事件和人因失误,并对这些异常事件信息进行筛选、分析、评估,制定有效纠正行动,通过吸收这些核安全事件的经验教训,可防止类似事件的重复发生,从根本上提升装置的安全水平。目前,世界范围内国际原子能机构、世界核电营运者协会等国际组织都建立了完整的经验反馈体系。美国海军核动力推进部门从建立之初就非常重视经验反馈工作,并逐渐建立起了循环改进的经验反馈体系。

4. 维修期间的核安全保障

维修期间的核活动主要包括反应堆开盖、卸换料、物理启动试验、冷热态系泊试验与航行试验等,涉及的维修场所包括码头、船坞、洞库、海上等。维修期间核反应堆状态变化复杂频繁,维修改造检查活动多,设备状态变化大,交叉作业多,相互影响接口复杂。因此,维修期间的核安全问题也是确保核反应堆核安全的重要环节,核能实践过程也多次发生在维修、试验过程或因维修质量问题引发大的核事件(事故)。维修期间的核安全保障措施包括维修过程的资质、物项、质量及制度的管理、维修人员能力素质的提升等多个方面。

5. 退役期间的核安全保障

核舰艇退役处置是核舰艇全寿期保障的最后一个重要环节,退役过程中的核安全问题主要涉及核燃料卸出、反应堆及放射性物项拆除、乏燃料的储存与冷却、乏燃料与放射性物项运输及管理等重要核活动,是国际公认的技术复杂、风险大的系统工程。因此,退役过程的核安全保障也必须按照国家的管理政策和法规,使用特殊的技术和对策,强化全过程的核安全管理。

思 考 题

1. 什么叫核反应堆?试以压水堆为例说出它的主要组成。
2. 简要分析舰艇压水堆的能量转换利用原理。
3. 试分析舰艇压水堆有哪些特殊的风险源。
4. 试分析舰艇压水堆一回路系统包含哪些主要设备或部件。
5. 针对典型的压水堆结构,试分析有哪些始发事件可能引起热源异常事故。
6. 针对所介绍的舰艇压水堆,试分析失水事故的主要响应过程及应对策略。
7. 试分析舰艇压水堆失流事故的主要响应过程及应对策略。

8. 什么叫热阱？试分析哪些事故序列可能引起舰艇核动力装置热阱完全丧失。

9. 什么叫非能动安全技术？试分析非能动安全技术在新型核反应堆系统的应用。

10. 简述核安全纵深防御原则的内涵要义。

第 6 章 核安全文化

三哩岛和切尔诺贝利核电厂核事故表明，仅仅从技术措施上防范应对核事故风险是不够的，还需要全体涉核从业人员从思想上重视核安全，从行为方式上保证核安全。国际原子能机构（IAEA）在总结苏联切尔诺贝利核事故经验教训的基础上，基于"核安全是核能与核技术发展应用的基础"这一国际共识，提出了"核安全文化"的概念，本章将分别从核安全文化的定义、起源、发展、作用、特征与架构、内涵要求及良好实践等方面进行介绍。

6.1 核安全文化的定义

核安全文化是指存在于组织和员工中种种特性和态度的总和，它旨在建立一种超出一切之上的观念，即核安全问题由于它的重要性须得到应有的重视，实质上即是核安全价值观、标准、道德和可接受的规范的统一体。核安全文化的提出使不同社会制度的国家、不同层次组织和不同文化背景员工有了一个为核安全做贡献的统一行为准则。

国际社会上不同的国家和组织对核安全文化的表述可能有所不同，但追根溯源，均是在 IAEA 论述基础上结合本国国情或行业实践略加修改而成的。如世界核营运者协会（WANO）认可并发布了美国核电运行研究所（INPO）提出的"安全文化"的定义：组织领导者设定并内化于各层级员工的价值观和行为方式，由之确定了核安全至高无上的优先地位。美国核管制委员会（NRC）将核安全文化定义为：由领导层和个人共同承诺核心的价值观和行为准则，为保护人和环境，它强调安全超越其他与之相比的任何目标。

以上这些定义都清晰地表明，核安全文化既是态度问题，又是机制问题，既和单位有关，也和个人有关，是涉核组织和单位全体人员共同的价值取向和行为方式。

6.2 核安全文化的起源与发展

回顾核安全工作的发展历史,到目前为止,大致可以划分为四个阶段,即全球核电发展初期、三哩岛事故后、切尔诺贝利事故后、福岛核事故后。追溯核安全观念的演变历史,有助于了解核安全文化产生的历史背景,深刻理解倡导核安全文化的作用和意义。

1. 核电发展初期

1942年,作为曼哈顿工程负责人,费米带领团队建成了世界上第一座原子反应堆,在工程建设与试验过程,费米对核安全格外重视,当时安全关注的重点是核反应的可控性问题。为防止发生不可控的链式裂变反应,该堆装备有一根强中子吸收材料制成的吸收体,随时准备快速掉入堆芯,这也是紧急停堆系统的雏形。在高度期待的人类首次临界试验中,不幸出现了装备故障,工作人员维修排查完毕后已经过了午间12点,费米没有立即继续试验,而是让工作人员吃完饭后再重新开始试验,让工作人员紧张亢奋的情绪得以缓和。费米情愿推迟人类首次临界裂变反应实现的时间点,在工程进度和安全之间可能有冲突时毅然选择了偏安全的抉择。

在建造试验堆和生产堆时,人们在经验法则的基础上,确定了偏远选址的原则,即要求厂址必须远离人群聚集区,从而避免反应堆会危及公众安全的担忧。随着民用核电的发展,核反应堆偏远厂址的选择不断受到各种因素的制约与挑战,美国反应堆安全委员会在第一次会议上讨论了关于在反应堆外围设立一个密封安全壳的提案,这种安全壳能在事故工况下防止放射性物质向环境释放。安全壳的概念是核安全技术发展的一块重要基石。1955年,在日内瓦召开了第一届和平利用原子能会议,如何确保反应堆安全是一个重要议题,会议报告描绘了反应堆设计、安全壳、选址等基本安全原则;同时厂外放射性后果问题引起了人们的关注。随后,美国核安全管理当局在开展核电厂批准审查、评估核电厂安全设计方案时,遇到了"如何假定可能发生哪些事故"的难题,后来逐步采用了"最大可信事故、设计基准事故"解决方案。

至此,核反应堆安全管理奠定了厂址远离人口稠密区、安全壳和设计基准事故三块基石。设计基准事故的原则反映了确定论安全分析逻辑,没有考虑假想事故的发生概率,仅从工程上判断"可信与不可信",受人为的工程经验影响较大。

20世纪70年代中期，概率风险评价技术逐步成熟，美国国会要求对核电厂进行概率风险评价分析，由此产生了著名的拉斯姆森报告——WASH-1400《反应堆安全研究》。在报告中首次将概率风险评价技术引入反应堆的安全分析，提供了以事件发生概率进行事故分类的方法，建立了安全壳失效模式和放射性核素向环境释放的模式。概率风险评价采用了系统性方法综合评估核电厂的安全，给出了相对全面的事故场景及风险图谱，但由于风险计算的不确定性非常大，当时也受到了很大的质疑。

从首座核反应堆研制到20世纪70年代这段时间，核安全工作的重点主要集中于设计、安装、调试和运行各个阶段技术的可靠性，即设计和程序质量。在设计方面，考虑设计的充分性，强调保守设计，重视设备可靠，还需考虑系统设备的冗余性和多样性，以防止事故的发生并限制和减小事故的后果。在程序方面，所有工作都使用程序，按程序办事。同时为了应对认知的不足和可能存在的缺陷，还确立了纵深防御原则、固有安全性和故障安全原则、单一故障准则。

2．三哩岛事故后

1979年3月28日发生的美国三哩岛核电厂核事故震惊了核工业界，人们认识到由多重设备故障和人因错误综合作用导致反应堆发生严重事故是可能的。工业界从三哩岛事故得到了很多的教益，对核安全历史发展产生了重要的影响。三哩岛核事故证明纵深防御原则对核电厂严重事故防范依然有效，同时也证实了WASH-1400《反应堆安全研究》的预言。这次事故促成了概率安全评价技术在核能界的广泛应用，同时还引起人们对超设计基准事故分析和安全壳行为研究的关注。

这次事故后，核安全工作更加重视安全的非技术因素，强化了预防和减少人的失误方面的研究，不断优化改进人机接口，从组织、管理、程序、人员培训、通信、宣传、应急准备等方面改进安全，并开始考虑严重事故的预防和缓解问题。具体的措施包括：

（1）强化运行人员的培训，在运行值以外增设"安全工程师"岗位，以便在事故工况下提供人员冗余，周期性地使用监督程序对堆芯的状态进行监督，并决定采取相应的措施，限制或延缓堆芯的损伤。

（2）改善主控室人机接口，引入"控制室"系统的新概念；将必要的信息集中在安全监督盘系统，操作员、安全工程师各拥有一个终端。

(3) 考虑严重事故的预防和缓解，并将研究成果纳入到核安全法规、标准及核电厂改进中，从而提高核安全水平。

3. 切尔诺贝利事故后

在人们还没有完全从三哩岛核事故的阴影中走出之际，1986年4月26日，苏联切尔诺贝利4号机组发生了更为严重核事故，堆芯的大量放射性物质从核电厂释放出来，造成严重的环境污染，大量人员被迫撤离家园。事故引起了社会的极大恐慌，并在相当长一段时期内，影响了世界核电的发展。

切尔诺贝利事故发生的主要原因是该电厂所采用的堆型存在严重的设计缺陷，直接原因是运行人员执行的试验程序考虑不周和违反操作规程，但根本原因还是苏联核电行业整体缺乏安全文化。关于这种堆型设计的缺陷早已为人所知，在同类型电厂调试中已发现过问题，并向有关主管部门专门写了报告。但主管部门和有关方面没有重视，没有对该堆型的固有安全缺陷进行深入分析、给出明确的限制，在引起四号机组事故的整个试验过程中，运行人员由于认知不足，粗暴地解列了安全保护系统。

核能界在全面总结事故原因的基础上，形成了核安全文化理念。1986年，国际核安全咨询组织发布的《关于切尔诺贝利事故后评估会议的总结报告》（INSAG-1）中，强调管理和人的因素对安全性能的重要影响，并首次提出"安全文化"的概念，指出不仅是运行阶段，在核电厂寿期其他阶段，包括设计、制造、建造和监管阶段，安全文化的不足最终导致了切尔诺贝利事故的发生。1988年IAEA发布的《核电厂安全原则》报告中，进一步阐述了安全文化的概念，并将其确立为基本的管理原则；1991年，IAEA发布《安全文化》报告，强调只有全体员工致力于一个共同的目标方能获得高水平的安全。自此以后，IAEA及各成员国对安全文化进行了深入的探索和研究，安全文化在核工业届得到了系统化的发展。由于核安全问题的重要性，核行业仍然是当前安全文化研究和应用最活跃的领域，其取得的安全文化成果也逐渐向其他领域渗透。

4. 福岛核事故后

2011年3月11日，日本福岛核事故的发生，再次让核能与核安全问题引起世人瞩目。在事故发生后的最初一段时间里，媒体与公众对事故发展进程的关注、对辐射危害的恐慌和对核安全的疑虑，无疑给有关国际组织、各国核管理当局和政府以及核电运营者带来了极大的压力，也促使人们进一步思考、研究目前核安全体系所面临的深层次问题以及核能发展的政策问题。

福岛核事故促使人们重新审视核安全问题,并高度重视核安全文化体系的建设和维持。

6.2.1 国际核安全文化的发展

自 1986 年 IAEA 首次提出"安全文化"的概念以来,核安全文化就一直处于不断建设发展的演变过程。

1988 年,IAEA 首次将核安全文化强调为基本安全原则。1991 年,IAEA 出版了《安全文化》专门报告(INSAG-4)。深入论述了核安全文化的定义、特征和本质,目的是对核安全文化有一个共同的理解,使这一理念更好地发挥作用。《安全文化》报告还阐述了安全文化对决策层、管理层和员工响应三层次的要求,并提出一系列问题和定性的"指标"用以衡量所达到不同层次的安全文化水平,使看起来抽象的"安全文化"赋予了物化的内容,为安全文化的实际应用提供了有益的指导。INSAG-4 奠定了核安全文化的基础,这一报告至今仍是核能界推行核安全文化的经典报告。

核安全文化作为一项高境界的管理原则,在全球核能界已得到倡导、实施和推广,并且不断发展和完善,在创造核电厂优良业绩中发挥重要的作用。从 1994 年到 2008 年,IAEA 制定并完善了安全文化评价指南,系统提出了核安全文化评价的目的、评价的基础、评价的方法和评价的过程,用于对核安全文化进行评估。发布了《SCART 指南》(组织内安全文化评价指南),提出了核安全文化的 5 项主要特征和 37 种有形表征,系统地建立了核安全文化评价指标。

1998 年,IAEA 出版了《在核能活动中发展安全文化》(安全报告丛书 No.11),论述核安全文化发展的三个阶段:第一阶段,仅以满足法规要求为基础;第二阶段,良好的安全绩效成为组织的一个目标;第三阶段,安全绩效总是不断得到提高。1999 年,IAEA 发布了《核电厂运行安全管理》(INSAG-13),明确要求运行核电厂最高管理者建立和实施完善的核安全管理体系,确保能够定期讨论和审议安全绩效、监督安全绩效,推进核安全文化的持续改进。2001 年,IAEA 出版了《在强化安全文化方面的关键实务》(INSAG-15),提出核安全文化发展第三阶段的目标和特征,以及达到第三阶段的方法和路径。

长期以来,美国核管会(NRC)一直强调在核能与核技术利用领域中"安全第一"对公众健康和安全的重要性,并将其反映在两个早期发表的政策声明中,即 1989 年 1 月 24 日发表的《对核电厂运行管理的政策声明》和 1996 年 5

月 14 日发表的《核工业界职工有提出安全问题而不担心受到打击报复的自由》。2002 年，美国 Davis Bessee 核电厂压力容器顶盖严重腐蚀的核安全事件引起了北美核电业界的高度关注。美国核动力运行研究所（INPO）以此为契机，于 2003 年提出了《卓越核安全文化原则》。美国核电厂联盟基于该原则推出了核安全文化评估准则，在得到 INPO 和美国核能研究所（NEI）认可后，目前已在全美所有核电站实施。2006 年世界核电运营组织（WANO）将《卓越核安全文化原则》以其名义发布。2011 年 6 月，在吸取福岛核事故经验教训基础上，美国 NRC 发布了"安全文化政策声明"，阐述了核安全文化的理念、性质、内涵、作用、要求等涉及核安全文化的重要问题。

6.2.2 国内核安全文化的发展

从第一座核电站建造开始，中国对核安全文化的研究和发展就十分重视，在核能与核技术利用单位积极倡导并推进以"安全第一、质量第一"为核心的核安全文化建设；定期与企业界组织举办了核安全文化研讨活动，总结交流核安全文化建设相关经验；在历次核安全监督检查活动中，都将核安全文化建设与评价作为重要工作内容。

2011 年福岛核事故的发生，促使我国核安全文化步入一个崭新的历史阶段，政府层面高度重视，积极倡导、大力推进核安全文化的培育和发展；先后发布了《核安全文化政策声明》《核安全文化特征》等文件，形成了核安全文化自上而下的良好发展局面。

6.3 核安全文化的作用

自人类发展核能与核技术利用事业以来，历史上发生了几起重大核事故和一些重要的核安全事件，究其深层次的原因，核安全文化缺失和弱化是重要因素之一。而培育良好的核安全文化是核安全的本质要求，也是保障核能发展、减少人因失误的有力措施。

6.3.1 贯彻落实核安全的本质要求

核事故风险具有技术的复杂性、事故的突发性、影响的难以感知性、污染后果的难以消除性和社会公众的极度敏感性等特点,这样的风险特点决定了确保核安全是核能与核技术应用发展基础。可以说,核安全关乎事业发展、公众利益、社会稳定及国家未来,始终坚持"安全第一"的思想理念也是核事业发展的必然要求。而核安全文化内涵指的就是"从事涉核活动全体人员的献身精神和责任心,即在组织内营造一个完全充满'安全第一'的思想";这种思想意味着"内在的探索态度、谦虚谨慎、精益求精,以及鼓励核安全事务方面的个人责任心和整体自我完善"。因此,核安全文化是所有涉核从业者的良好共识与行动指南,也是贯彻落实核安全的本质要求。

6.3.2 保障核能发展的重要手段

当前,核能与核技术利用行业发展迅速,对核安全文化建设的需求也日益迫切。在核电领域,随着核电快速发展,对核专业人员需求量也越来越大。大量非核专业人员的加入以及运行人员流向在建核电项目,在一定程度上造成了核安全骨干人员的稀释和流失,存在核安全文化弱化的风险。在核电设备制造、核燃料循环等领域也存在核安全文化培育不足的问题,屡屡发生违规补焊、不遵照规程办事等现象。在核技术利用领域,核安全文化缺失现象严重,辐射防护意识薄弱,尤其是小型核技术利用单位,安全和责任意识差,放射源丢失等辐射事故频发。

"核安全是核能与核技术利用事业发展的生命线",核安全文化的缺失和弱化,必然会为核与辐射安全问题埋下了隐患。所以,培育核安全文化,是当前形势下核能与核技术利用事业发展的重要保障。2012 年 10 月,国务院公布《核安全与放射性污染防治"十二五"规划及 2020 年远景目标》,明确要求"建立核安全文化评价体系,开展核安全文化评价活动;强化核能与核技术利用相关企事业单位的安全主体责任;大力培育核安全文化,提高全员责任意识,使各部门和单位的决策层、管理层、执行层都能将确保核安全作为自觉的行动。"

6.3.3 减少人因失误的有力措施

IAEA 在 INSAG-4 中指出:"除了在人们称之为'上帝的旨意'以外,核电厂发生的任何问题某种程度上都源于人为的错误。然而人的才智在查找和消除潜在的问题方面是十分有效的,这一点对安全有着积极影响。正因为如此,个人承担着很重要的责任。"因此,人为因素在核与辐射安全工作中起着至关重要的作用。

一方面，人与机械系统相比，"人的可靠性更差"。为了应对可能出现的人为错误，人们首先发展并使用了核安全质量保证体系。但实践证明，核安全质量保证有一定的局限性，没有考虑人的非理性"失误"与"违章"，也没有解决如何使人按正确的行动去做的问题。培育核安全文化就是要弥补核安全质量保证的缺陷，在核安全重要活动中形成一种带有普遍性的、重复出现的、相对稳定的有利于核安全的行为心理状态，从而减少人为错误带来的核安全问题。另一方面，"人的决定意识、主动意识反过来对现实存在可起到积极的改进作用"。人的才智可以在查找和消除潜在问题方面发挥积极的作用。先进的核安全文化是人类在长期的核与辐射安全实践中总结创造的宝贵财富，是体现核与辐射安全实践本质特征的文化形态，是提高核与辐射监管者素质、滋养从业人员心灵的精神沃土。通过培育核安全文化，有利于更好地发挥人在核能与核技术利用中的积极作用，减少人因问题带来的影响。

中国特色核安全文化是根植于中国核事业发展中的先进管理文化，是科学的、民族的、大众的文化，也是生态文明建设的重要组成部分，培育中国特色的核安全文化，是防范、减少人因失误的重要措施。

6.4 核安全文化的特征与内涵要求

IAEA 提出的核安全文化指的是一种在核能与核技术领域必须存在的健康的安全文化，其作为一个社会存在是客观的，有自己的特征，对组织内部有明确的内涵要求。

6.4.1 核安全文化的基本特征

1. 遵循统一的核安全基本原则

辐射危险无国界，国际社会认为，不管各国工业和社会发展水平如何，严重核事故对事故现场及周边国家甚至较远地区国家的公众健康与环境都有重大的、潜在的和持久的影响。因此，核能与核技术利用过程，应遵循相对统一的核安全基本原则，实施核安全监管是一项国家责任，核安全监管必须进行国际合作。为建立统一的核安全与辐射安全标准，2007 年 11 月 IAEA 与联合国环境规划署和世界卫生组织等 9 个国际组织出版了《基本安全原则》(《安全标准丛书》第 SF-1 号)，在这个报告里 IAEA 提出了基本安全目标和 10 项相关安全原则。

2. 主动精神

遵规守制是保证核安全的最基本要求，但这还不够，一般还要求员工具有高度的警惕性、实时的见解、丰富的知识、准确无误的判断能力和强烈的责任感，来承担所有可能影响安全的任务，并充分发挥主动精神，不断改进服务水平。

3. 有形导出

文化作为一种客观存在，往往表现为"无处不在，但又无以言状"。而 IAEA 认为核安全文化有其有形的表现，而这些表现既可以反映出组织核安全文化建设的水平，也可反映在组织的核安全业绩上。核安全文化的有形导出主要由两个主要方面组成，一是由组织政策和管理活动所确定的安全体系，二是个人在体系中的工作表现。上述两个方面对安全的承诺和能力决定了安全文化的水平。这就强调安全文化既是态度问题，又是体制问题；既和组织有关，又和个人有关。

6.4.2 核安全文化的宏观架构

IAEA《安全文化》报告（INSAG-4）给出了一个单位安全文化的总体架构，如图 6.1 所示，它涉及政策层、管理者和个人对安全的承诺。一个单位要形成优秀的安全文化，需要三者在对待一切与安全有关的问题上均有卓越的表现。

各级组织和个人在所有活动中，对安全的重视体现在以下方面：一是个人对安全重要性的认识；二是通过培训、教育及自学获得的知识和能力；三是高级管理层的承诺，他们用行动体现安全的高度优先地位，并且要求安全目标被个人所认同和接受；四是通过领导力、目标设置、奖惩机制，以及个人自发的态度提升积极性的激励机制；五是有效的监控；六是清晰的授权责任制。

安全文化是个人行为的集中表现，而决策层则起着关键作用。可以说，安全文化主要是领导层安全理念的体现，一定程度上是领导层的意志与态度的物化形态。一个单位安全文化的养成,领导层的言传身教是必不可少的因素。只有领导层正确理解了安全文化的精髓与要义,才能在单位日常运营中进行有效的安全实践,即各级管理层带头执行程序,全力宣贯安全意识,以形成在意识上重视安全、在程序里满足安全、在执行中遵守安全的文化氛围。具体到每一个普通员工,除了严格遵守确定的程序外,还要求他们必须按"安全文化"行事,即建立质疑的工作态度、形成严谨的工作方法和养成相互交流的工作习惯。

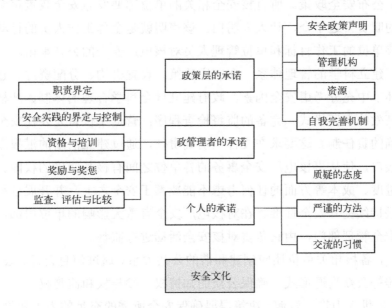

图 6.1 安全文化架构

一个单位在不同的发展阶段,应有不同的组织文化来配套适应。IAEA 在其安全报告《在核活动中发展安全文化:帮助进步的实践建议》中提出了安全文化发展的三个阶段:在初级阶段,安全来自于外部的要求,而没有意识到个人行为和态度对安全的影响,安全在很大程度上看做是一个技术问题,只要遵循规则和条例就认为是足够的;在中级阶段,一个单位自觉地认为安全是重要的组织目标,对行为表现逐步关注,开始自发地重视安全绩效,并开始寻找一些管理措施达到预期目标;在高级阶段,认为安全总是能够改进的,组织建立了持续改进的理念并应用到安全方面,强调交流、培训、管理模式以及提高效率与有效性。文化的发展是个循序渐进的过程,一个核组织不能幻想跨越前两个阶段而直接进入第三阶段。

具体来说，核安全文化对组织和个人的要求体现在对组织中不同层次人员的内涵要求，具体包括决策层、管理层和执行层三个层面。

6.4.3 对决策层的内涵要求

无论是政府层面还是单位层面，决策层推行的政策创造了工作的环境，支配着每个人的行为。对决策层的内涵要求包括：

（1）公布安全政策。所有核安全相关的单位都要发布安全政策声明，将其所承担的职责公之于众，让人人明白。该声明就是全体工作人员的行动指南，并宣告该单位的工作目标和单位管理人员对核电厂安全的公开承诺。

（2）建立科学的管理体系。在制定政策、设置机构、分配资源、建设基础设施等环节中充分考虑安全因素。政府建立健全科学合理的体制、严格的监管机制、高效的审评模式、完备的监督检查程序；营运单位首先要在安全事务方面有明确的责任制。这要求在文件上明确责任，通过建立清晰的汇报渠道，尽量简化接口，使从事核电厂安全事务的各单位之间有极其明确的权限。在确保计划、进度、成本等方面的任何考虑不能凌驾于安全之上，并开展过程评价和优化改进持续提升安全标准。在对核电厂安全有重大影响的单位内部，要设立独立的安全管理部门，由它负责对核安全活动进行监督。

此外，各核相关单位还应创建和谐的公共关系。通过信息公开、公众参与、科普宣传等公众沟通形式，确保公众的知情权、参与权和监督权。

（3）提供人力物力资源。决策层要确保安全所需的充足的人力和物力资源，特别是必须拥有足够的有经验的员工，并辅以必要的顾问或合同承包人。要建立科学的人事管理体制，保证把有能力的人员及早提拔到关键岗位上去。要保证有足够的培训人员和经费。保证所有的职工在从事与安全有关的工作时配备必要的设备、装置和各种技术手段。为保证他们能有效地完成工作，职工的工作环境要好。

（4）决策层不断地自我完善。作为一项安全管理政策，各单位经理们都应该对核电厂安全有关工作进行定期审查。审查的内容主要包括人事安排、学习型组织的培育、运行经验反馈以及对设计变更、电厂修改和操作程序的管理。

（5）决策层的承诺。以上对决策层的要求都需要决策层当众宣布众所周知，这些承诺说明了公司在社会责任方面的立场，并表明了公司在安全方面的坦诚意愿。

最高层要以个人名义表明他们的承诺，即：他们要关注与核安全有关的工艺过程的定期审查，一旦出现与核安全和产品质量有较大影响的问题时，他们要直接过问，还要经常向职工讲述安全和质量的重要性。特别的是，核电厂安全是单位最高层会议上的重要议题。

6.4.4 对管理层的内涵要求

核电厂管理层主要负责安全政策和目标的具体实施，对其安全职责的具体要求如下。

1. 明确职责分工

特有的、清晰的授权制度可以使每个人职责分明，每位员工可充分了解各自的职责以及上下级的职责。

2. 安全工作的安排与管理

各部门经理应确保高标准、严要求地完成各项与核安全相关的工作。为了保证工作能够按照规定进行，各部门经理应建立一套监督和管理制度，强调文明生产。安排工作时要保障员工适当的工作时间和劳动强度，并努力营造相互尊重、高度信任、团结协作的工作氛围，客观公正地解决冲突矛盾。

各部门经理还应倡导对安全问题严谨、质疑的态度；建立全体员工自由反映和报告安全相关问题并且不会受到歧视和报复的保障机制；管理者应及时回应并合理解决员工报告的潜在问题和安全隐患。

3. 对人员资格的审查和培训

各部门经理应确保他们的每一位员工都能充分胜任自己所承担的工作。首先人员招聘和任命程序要保证工作人员在才智和文化程度方面具有令人满意的措施否则会危及安全，但具体做法要慎重，处罚不应导致人们隐瞒错误。

4. 监察、审查和对比

各部门经理在贯彻质量保证措施以外，还要负责实施一整套监察或监督措施，例如对培训计划、人事任命程序使用、工作方法、文件管理和质量保证体系等的定期审查。此外，还可以通过查阅内部关键绩效指标与外部或其他核电厂的绩效指标进行对比来评估自身的安全绩效。

5．承诺

通过以上途径，各部门经理不仅以行动表现他们对安全的承诺，还要促进职工的安全素养。

6.4.5　对执行层的内涵要求

执行层主要包括基层管理干部和执行人员。他们是直接从事具体的，特别是与核安全相关的工作。因此，对他们的要求也更加具体。

1．质疑的工作态度

质疑的工作态度也称"探索精神"，凡在核安全事故中取得优异成绩者，都具有质疑的工作态度和品行。质疑的工作态度要求每位员工凡事都要问为什么，不放过任何蛛丝马迹。

2．严谨的工作方法

每个人都要采取一种严谨的工作方法，严谨的工作方法主要要求员工做到：看懂和理解工作程序；按程序办事；对意外情况保持警惕；出现问题停下来思考；必要时请求帮助；追求纪律性、时间性、条理性；谨慎小心地工作；切忌贪图省事。

3．良好沟通的工作习惯

人人都要明白，良好沟通的工作习惯对安全至关重要，其中包括内容如下：从他人得到有关信息；向他人提供有关信息，保持良好的透明度；汇报完成的工作结果；发现和报告任何异常；正确填写工作记录，无论是正常或异常情况；提出新措施改善安全，重视经验反馈。

6.5　核安全文化缺失弱化的危害

1986年，切尔诺贝利核电站发生重大核事故，堆芯严重损毁、大量放射性物质向环境释放，成为"人类历史上最为严重的核事故"之一。据统计，事故后 4 个月内 30 人死亡，134 人诊断为急性放射病，撤离人群中约 4000 人死于辐射相关的癌症。IAEA 通过对事故的分析和讨论，确认事故源于一系列人因失误——有意识违反操作规程；为完成汽轮机试验，将反应堆置于不稳定状态，眼看要发生事故还莽撞着把试验做完，最终酿成了一场人为的核灾难。应该说，核安全文化的缺失是导致切尔诺贝利事故的根本原因。

2002年3月6日，美国Davis Bessee核电厂1号机组压力容器顶盖发生严重降级，因一回路含硼冷却水泄漏发生腐蚀，在3号控制棒驱动机构指套管附近位置产生一个约156cm^{2}的凹坑，腐蚀最深处仅离压力容器内表面约6.3mm，潜在后果可能非常严重。事后，核电界将发生这次事件的根本原因归结为核电厂的组织（管理）层核安全文化意识出了问题，在良好运行业绩假象下导致核安全文化弱化。具体表现在：电厂仅满足于符合最低标准要求，而不是追求高标准要求；长期的良好运行业绩（假象），使电厂管理层产生自满情绪；随着时间推移，失去了对核安全的敏感性和警惕性；对异常状态和指标总是试图自圆其说；固步自封，沾沾自喜；未能有效使用核电界和设备厂家的经验反馈。

2011年3月11日发生的日本福岛核事故，尽管其直接诱因是极端的外部条件——海啸和地震，但日本核电界核安全文化建设的缺失或弱化某种程度上决定着事故的必然性。比如业主单位东电公司运行期间存在篡改监测数据、无视研究人员早先提出的防海啸警告、机组海水冷却行动迟缓、应急体系职责不明、高层想放弃核事故缓解等，无不显示了核安全文化建设的严重缺失或弱化。因此，在2012年7月5日日本国会"福岛核事故调查委员会"正式发布的福岛核事故最终调查报告中仍将福岛核事故的根本原因定性为"人祸"，而非自然灾害。

核安全文化弱化的征兆主要包括四个方面：组织问题、管理问题、人员问题和技术问题。

1．组织问题

单位核安全文化弱化的征兆在组织问题上的表现集中在如下方面：

（1）解决问题不恰当。表现为反复地出现问题，纠正措施被大量积压，或没有针对发生问题的根本原因去制定纠正、预防措施等。

（2）管理者止步不前。表现为管理者们开始相信他们的安全管理是令人满意的，并因此而自满起来，内部的改革和进步停止了。

（3）管理者不向外界交流和学习经验。表现为管理者们拒绝交流，设置种种障碍，规定种种限制，不愿和别人分享自己的经验来改善自己的安全状况。

2．管理问题

单位核安全文化弱化的征兆在管理上的表现集中在如下方面：

（1）纠正行为不力。表现为安全有关的纠正措施被大量积压、纠正措施不能及时被实施。

（2）难题的解决模式不佳。表现为不采用通过从各种来源汇集得到的信息，并按照预定的种类加以分类，分析这种解决难题的模式，因而遇到难题时不能高效地解决，也不能通过以往的事件吸取教训，防止同类问题的再发生。

（3）程序不完善。

（4）分析和改正问题的质量差。表现为方法不对，对问题进行了不恰当的鉴定，缺乏知识和资源，或受到时间的限制，可能导致不适当的改正行为。只有找到真实的根本原因，才有可能采取正确的改正行为。

（5）独立安全审评不足或失效。

（6）安全配置不符合要求。表现为单位的安全配置和状态与其安全状况不相一致。

（7）违章。

（8）反复申请不执行某些管理规定。表现为单位中反复提出申请不执行现有的某些管理要求，特别是在有计划停堆后重新启动之前可能提出这种申请。任何时候，安全的要求都是要优先于生产的要求。

3．人员问题

单位核安全文化弱化的征兆在人员问题上的表现集中在如下方面。

（1）过长的工作时间。

（2）未受过适当培训的人员上岗工作。

（3）在某些方面未使用适合的、有资格的和有经验的人员上岗工作。

（4）对工作的理解差。

（5）对承包人的管理差。

4．技术问题

单位的技术状况是安全文化的直接反映。不好的表现包括：技术方面的记录和存档材料贫乏或缺乏管理，设备维修不及时，对安全事件的收集、监督和处理不当，自我检查和自我评价体制不健全等。

6.6 核安全文化的良好实践

人们在核能及核技术利用发展过程中，不断丰富、扩展着核安全文化的内涵，也形成了一些好的核安全文化实践，如运行经验反馈及防人因失误工具的应用。

6.6.1 运行经验反馈

经验反馈是为了对核电厂的运行经验和教训进行分析和总结，发现不利于安全的先兆，在出现严重情况之前采取必要的纠正行动。这一做法正是核安全文化要求的具体体现，三哩岛事故和切尔诺贝利事故后逐渐被世界核电领域采用，一些为此目的而建立的组织（如美国的核电运行研究所、世界核电运营者联合会等）进行了大量的理论创新、实践和经验总结。

我国核安全监管部门也高度重视经验反馈工作。针对运行核电厂，1988年发布了《核电厂的安全监督》，明确了核电站异常事件报告制度。1995年制定并发布了《核电厂营运单位报告制度》，对运行阶段事件报告的准则、程序、内容和格式做出明确规定，提高运行事件报告效率，并依据该制度开展核电厂运行事件数据收集工作。2004年国家核安全局修订了《核动力厂运行安全规定》，在经验评价、经验研究、国内国际信息共享等方面对营运单位的运行事件分析及经验反馈工作提出更明确、具体的要求。2012年国家核安全局发布了《运行核电厂经验反馈管理办法》，确立了国家核安全局运行核电厂经验反馈体系的框架，明确了参与经验反馈体系的相关单位和职责分工，为经验反馈体系建设奠定了基础。

经验反馈作为一项管理工具，在国内外的核电厂运行中得到了广泛应用，有效提高了核电厂的运行安全水平。国内各核电厂、核电运营管理公司、安全管理机构也都建立了各自的运行经验反馈体系。

6.6.2 防人因失误工具的应用

防人因失误工具的应用是核安全文化有形导出的又一具体体现，为了从管理上预防人因失误的发生，核能界在多年的运行及管理经验基础上开发了一系列防人因失误工具，获得广泛应用的防人因工具主要有以下几种。

1. 明星自检操作法

明星自检操作法是核安全文化要求执行层具备严谨工作方法的有形体现。"明星自检操作法"（STAR 操作法），即遇到任何异常或安全问题时：

（1）先停下来，平复情绪，避免盲目处理造成误操作、误判断，这是自检最重要的一步，看似简单，但是可以极大程度地提高操作的成功性和准确性。

（2）冷静思考，分析现象、原因，考虑清楚下一步采取什么样的行动，是否需要外界帮助，识别与操作相关的所有信息，对面临的环境提出质疑，想清楚自己的行为将会带来哪些预期的响应，比如流量、压力、水位、指示灯、噪声等变化，考虑清楚如果发生意外怎么处置，如果预期的响应没有出现应该采取什么措施。

（3）采取正确的干预措施和行动，眼睛盯着预期响应的仪表、指示灯的变化。

（4）操作结束后，立即进行检查确认，分析评价，核实实际结果是否与期望一致。

2. 监护操作

监护操作即一人操作，一人监护，同步确认。监护操作的步骤是：

（1）操纵员发出请示操作的口令，并完成操作前的准备动作，如手部选择正确的开关按钮，眼睛观察预期响应的仪表或者指示灯。

（2）监护者确认操纵员所指设备的正确性和准备工作的完整性，以口令方式批准操纵员可以进行执行动作。

（3）操纵员复述监护者的口令后，开始执行操作，并将观察到的信息报告给监护者，共同确认执行动作的正确性。

在监护操作中，口令起到至关重要的作用，体现出监护者对执行者的全过程监督，特别是在执行者出现人因失误的苗头前，监护者有机会提前防止人因失误的发生。对于执行者来说，监护者就相当于另外一道安全屏障。

3. 三向交流

三向交流即三段式沟通，信息经过发送、复述、确认，确保信息传递准确无误。核安全领域质量保证是基于文件的管理，而在管理实践中发现，口头交流也不可能放任自流，也应给出控制要求。因此，运行核电厂广泛使用"三向"交流管理措施。

4. 遵守/使用程序

使用程序即严格按文件、程序、指令执行操作。从安全文化的角度看，对活动承担者使用程序增加了附加要求。比如，对使用程序方法分类管理，对停止使用程序的要求等。

5. 工前会

为了能够成功地完成一项任务，在开始工作之前，需要对工作有关的一些问题进行明确，加深对相关信息的理解，从而更充分地做好任务准备，以保证任务顺利完成。工前会主要解决以下问题：

（1）明确各岗位的人员的职责分工。

（2）按照分工进行理论知识准备，在时间允许情况下各岗位进行公开"述职"，即口述各自的职责分工、工作流程，其他成员则进行监督，确保无错误、无遗漏。

（3）共同研讨工作中的关键步骤、安全注意事项及应对措施，并对预防措施和预案的有效性进行评估。

实践表明，工前会是正式开始一项工作前具有较强"仪式感"的全方位准备工作，包括对人员、技术、管理等方面进行熟悉和确认，以最大程度地减少人因失误的发生。

6. 工后会

工后会即工作结束后进行总结，找出不足，加以改进。在工后会中，重点对工作中失误和问题进行深入分析，把失误和问题当做案例和教训，开展经验反馈，避免在今后的工作中重复出现。工后会和工前会还有一个重要作用就是，促使工作人员逐渐养成良好的沟通习惯，这是核安全文化对执行层一项重要的要求。

7. 质疑的态度

质疑的态度能够促使操纵员对不确定因素和潜在风险进行关注，避免对某些似是而非的异常"自圆其说"。要求对问题进行去伪求真，盘根问底，不放过任何蛛丝马迹，避免从众，倡导核安全工作"小题大做"的精神。具体方法如下：

（1）审查信息来源：与我的工作相关吗？来源是否可靠、准确？信息是否存在疑点？

（2）自我验证信息：合理吗？我的期望是什么？与过去的经验和其他的相关信息吻合吗？

（3）独立核实信息：我能从一个独立、可靠的渠道获得对信息的确认和支持吗？

质疑态度的养成可有效避免麻痹思想存在，始终使操纵人员对任何异常都保持警觉状态。

8．工作交接

交接工作以便提供充分而准确的信息。工作交接时要用标准化的方式传递信息。交接地点应选在有利于讨论且距离工作地点足够近，以方便采取行动的地点。工作交接包括员工、班组、部门、不同单位之间的移交。

思 考 题

1. 核安全文化概念提出的背景是什么？
2. 如何理解核安全文化是一种核安全管理思想？
3. 核安全文化对执行层的具体要求是什么？结合自身工作讨论如何做到核安全文化的要求？
4. 思考如何对一个单位或者个人开展核安全文化评价？
5. 讨论将核安全文化有形导出的实际例证。

第 7 章 核安全监管

核安全是核能可持续发展的前提和基础,为保障核安全,必须要有一个法定的权威机构代表政府颁发和实施核安全规定,通过法律规范各种核活动,并建立独立的核安全审查和监督机制。国际原子能机构在总结核动力实践经验的基础上也明确指出:对于一个实施核能计划的成员国来说,必须在开始建设第一个核设施时,先建立一个核安全管理机构,并制定有关法规。在国际上,所有已有核能或计划发展核能的国家都已设立了核安全监督管理机构,且都已制定或计划制定核安全法规。

7.1 核安全法规

我国经过几十年的努力,民用核电领域已经初步建立了相对完整的核安全法律体系框架,形成了一个由法律、行政法规、部门规章、指导性文件和标准规范组成的相互联系、相互补充、相互制约的文件体系。截至 2019 年 9 月,2 部法律,9 部行政法规,30 余项部门规章,100 余项核安全导则,1000 余项国家标准、行业标准。现已经颁布了译文以及 5 个国际公约等。

图 7.1 给出了我国的核安全法规体系,其中法律处于体系结构的顶端,具有统领作用。核安全法律是指调整核安全领域相关活动所产生的各种法律规范,由国家立法机构起草,全国人民代表大会常务委员会通过并发布。它是核安全监管机构制定法规、导则,实施独立监管的法律基础,也是确立基本监管制度而制定的具有法律约束力的文件。

现有的适用于核安全领域的相关国家法律主要有以下几项:

(1)《中华人民共和国放射性污染防治法》。2003 年 10 月颁布,主要是为了防治放射性污染,保护环境,保障人体健康,促进核能、核技术的开发与和平利用而制定的专项法律。

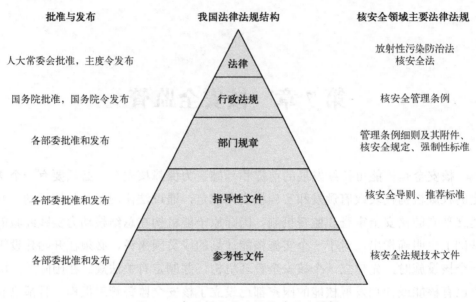

图 7.1　我国核安全法规体系层次图解

（2）《国家安全法》。随着国内核能和核技术的发展，核安全受到了更为广泛的关注，核安全上升为国家安全战略的重要组成部分。2015 年 7 月颁布的《国家安全法》第 31 条明确提出：国家坚持和平利用核能和核技术，加强国际合作，防止核扩散；加强对核设施、核材料、核活动和核废料处置的安全管理、监管和保护；加强核事故应急体系和应急能力建设，防止、控制和消除核事故对公民生命健康和生态环境的危害。

（3）《国家核安全法》。2017 年 9 月发布，2018 年 1 月实施，内容包括总则、核设施安全、核材料和放射性废物安全、核事故应急、信息公开和公众参与、监督检查、法律责任、附则等 8 章 94 条。《国家核安全法》将"理性、协调、并进"的核安全观写进法律，确定其为指导思想；明确了法律的适用范围和各相关主体单位的核安全责任，坚持从高从严要求，实现全过程全链条监管；健全了制度体系，提高了监管能力；从严设置法律责任，形成有效震慑；并明确：军工、军事核安全，由国务院、中央军事委员会依照核安全法规定的原则另行规定。借鉴国家的核安全法规体系建设，根据军队核活动特点和管理实践总结，军队也制定了一套法规体系。

这些法律、条例是涉核活动必须遵守的行为规范、基本依据，也是做好核安全工作的基石。

7.2 核安全审批及资格管理制度

根据国家法律和军队的条例要求，地方和军队都设立了核安全监管机构，从事核安全监督管理工作，监督管理的基本任务是组织实施核安全监督管理，消除核安全隐患，预防核事故发生，保障核装备、核设施和人员、环境安全。核安全监督管理的措施主要包括核安全审批制度、资格管理制度和监督检查制度。

为什么要建立相对独立的核安全监督管理体系呢？对于一个正常人来讲，无论其责任心如何，他工作的初衷都不会想将安全处于失控的状态。但是他们会受生活环境的影响，不可避免会有一些因素影响他们对安全的投入，如企业可能会为扩大市场份额过分降低成本，或因工期、资金周转期的压力而放松对产品质量的严格要求，技术员可能因繁重工作负担而降低对产品的实验检验。而核事故发生往往就是"屋漏偏逢连夜雨"，是一连串不幸的组合造成的，上述任何的疏忽都可能置安全于失控的状态。安全监管的首先职责就是从源头把不具备资格的单位和个人剔除在涉核活动之外，并不断地去提醒从业人员忽视安全将导致最终失去一切，这比他们事故后再醒悟更加重要；另一职责就是提醒从业人员重视未遂事件，建立规范秩序，重视安全的前期投入，而非"亡羊补牢"。

1. 核安全审批制度

核安全法规条例明确规定了核装备、核设施在选址、设计、建造，调试、运行、涉核重要物项维修整治、退役处置前必须取得核安全许可或批准文件。

申请许可或批准文件前，申请单位必须向核安全管理机关提供书面申请文件，主要包括申请公文、核安全分析报告、质量保证大纲、核事故应急预案。管理机关将组织对相关技术文件等进行审评，审评方式主要有文件审查、复核计算、试验验证、现场见证等多种方式；通过核安全审批颁发核安全许可或批准文件。

实际上，涉核活动单位不会明确说明所设计的东西或将进行的核活动不安全，或违反安全原则和要求。因此，核安全审评、审批是独立、全面评估设计或建成的核装备、核设施是否满足核安全基本原则与所有安全法规标准要求，是否存在对人员与环境的重大安全风险的重要过程。

2. 资格管理制度

核安全问题是复杂的技术问题，从事核安全工作既要有高度责任意识，又要有精良的技术能力。为确保所从事涉核活动的单位和人员必须具有相应的能力，核安全管理条例要求对从事关键涉核装备设计、生产、制造的单位以及关键涉核岗位人员建立资格管理制度，主要包括涉核单位的核安全资格管理和涉核人员的核安全资格管理。

1）涉核单位的核安全资格管理

核安全法规条例明确规定承担核安全设备设计、制造、安装、检测检验任务的单位，应当取得核安全资格。未取得核安全资格的，不得承担与核装备和核安全设备相关的任务。

申请单位要想取得相应的核安全资格，必须正式提出申请，并提供相关说明、证明文件，由管理机关组织审查，审查通过后颁发相应的资格证书。审查方式主要有文件审查、现场检查、模拟活动方案制作、现场对话等方式。审查重点主要包括独立法人等基本资格；核领域或者相近产品领域的工作业绩；是否有相应的专业技术人员和特种作业人员能力；是否有合格的工作场所、设施设备、检测检验和试验手段、关键技术储备等条件；是否具有符合核安全要求的质量保证体系；是否具有执行核安全法规、技术标准的能力；是否具有良好的核安全文化。通过建立涉核单位的资格管理制度，有效设置了从事涉核装备设计、生产、制造等单位的基本门槛，确保有相应能力的企业才能从事相关工作。

2）涉核人员的核安全资格管理制度

相关法规还明确规定从事涉核活动的关键岗位人员也采用资格管理制度。如核反应堆操纵人员必须持照上岗，并明确了不同级别的执照所能从事的工作范围。在申请考核过程，重点考察申请人的基本自然条件、学历知识基础、受训经历、专业知识是否符合要求，是否具备胜任岗位工作的能力。通过人员资格管理制度，设置了准入门槛，有效杜绝了不符合核安全要求的人员从事涉核关键岗位。

7.3 核安全监督检查制度

核安全监督管理条例明确规定，各级核安全监管部门和现场监督机构，应当根据核安全法规、标准和许可批准文件，加强对重大涉核事项的核安全监督检查，发现不符合核安全要求和可能危及核安全的问题，应当立即责成有关单位予以纠正；必要时，可以采取强制措施，立即制止危及核安全的活动。

1．监督检查的主体与对象

从行政管理的角度，核安全局是经授权对核装备、核设施安全实施监督管理的一级行政组织。在核安全监督管理的职权范围内，它具有独立的行政权力能力和行政行为能力，能够以核安全局的名义独立行使核安全监督管理权。同样，派驻现场的监督员是经授权行使监督职责的人员，也具有相应的行政权力能力和行政行为能力。

2．监督检查的方式与时机

根据核安全监督管理规定，核安全监督管理一般采用综合监督检查、专项监督检查、日常监督检查。

1）综合监督检查

主要对核装备核设施的安全状况和相关涉核责任单位技术保障、实物保护、规章制度、核安全文化、人员资格等保障核安全的能力而进行的全面性检查。

2）专项监督检查

主要对核装备、核设施设计、建造等重大涉核事项或者重大核安全事件而进行的专门性检查；同时监管部门还应当根据核安全批准文件要求和重大涉核活动计划，适时组织专项监督检查。

3）日常监督检查

核安全现场监督机构与核装备核设施营运单位核安全部门应当对核装备、核设施的建造、运行、使用、贮存、维修和退役等过程进行的日常性巡查或者抽查。

3．监督检查的准备与实施

核安全监管部门应当根据核装备、核设施管理实际制定核安全监督检查年度计划，明确核安全监督检查的类型、时机、受检单位。综合、专项监督检查前，应成立监督检查组，制定监督检查方案；主要采取听取汇报、现场查看、调阅文件、座谈讨论、单独询问、实装或者模拟操作、试验测量等方式逐项检查，客观记录，分析评价。最后综合评价监督检查情况，形成监督检查意见，向受检单位通报检查情况。

4. 监督检查问题的整改

在综合、专项监督检查完成后，根据检查情况将形成《核安全检查问题单》，受检单位收到《核安全检查问题单》后，应当在规定时限内完成整改。整改结果或者整改措施应当填写《核安全检查问题回复单》上报。对于暂时不具备整改条件的，受检单位应当采取必要的预防措施，加强核安全问题的管理和控制，并提出延期整改的方案建议，上报批准后实施。

思 考 题

1. 核安全监管部门的现场检查主要分为哪几种方式？
2. 简述设置核安全资格管理的目的及意义。
3. 简述开展核安全监督检查的目的及意义。
4. 简述核安全监督的主要方式及要求。
5. 试分析《国家核安全法》出台的目的及意义。
6. 试论述把核安全列为国家安全战略组成部分的目的及意义。

第8章 核事故及其应对

一直以来,人们对核安全问题高度重视,虽然采取了种种措施来防范应对核事故风险,但核事故仍然是核装备、核设施的固有属性。核事故概率虽然已经很小,但仍有可能会发生,为降低发生核事故时的后果影响,还需要分析事故响应过程、放射性物质的释放迁移规律,探讨如何做好核事故核应急。根据核装备、核设施核事故特征及其影响,核事故风险主要由核反应堆发生严重事故导致。为此,本章重点介绍舰艇核反应堆严重事故的响应进程、应对策略及核应急的若干基本概念。

8.1 历史上重大核事故简介

在核能及核技术利用历史上,已经发生了多起严重的核事故,这其中既有反应堆核事故,也有核燃料生产厂、乏燃料后处理厂等核设施核事故,部分事故对环境和人员健康造成了严重影响。

(1) 美国三哩岛核电站事故。1979年发生于美国宾夕法尼亚州的三哩岛核事故主要是由于装置机械设备故障和人员误操作叠加导致,事故造成了堆芯严重熔化,少量放射性物质泄漏到厂区,被定为5级核事故。事故发生后因应对不力,民众对发生在身边的核事故极为恐慌,后时任美国总统卡特亲临现场,仍难有效安抚民众,导致30万人争相大逃亡。事故导致人们对核能的信心受到重创,加之其他原因,之后30多年美国未批准建设任何一座新核电站。

(2) 苏联切尔诺贝利核电站事故。当人们还没有从三哩岛核事故的阴影中走出时,1986年又发生更加震惊世界的切尔诺贝利事故。事故是由于反应堆结构缺陷、设计缺陷和操作人员多次严重违规操作所导致。事故造成核电站4号反应堆起火爆炸,数吨强辐射物质泄漏,30多人因爆炸、火灾和辐射而死亡,事故产生的放射性烟云飘散到了欧洲各地,对世界核电发展造成前所未有的打击,事故后全球范围内核电发展基本陷于停顿。事故发生后苏联政府隐瞒和封锁事故信息，数月后才将大火扑灭，随后在事故反应堆外建造"石棺"封闭，将当地居民全部外迁，形成了几百平方千米的无人区。根据事故后果和放射性物质的释放量，事故被定为 7 级。

（3）日本福岛核电站事故。2011 年日本东北部近海海域发生了里氏 9 级特大地震，其后引发大的海啸，最终导致日本福岛县的四台沸水堆核电机组完全丧失冷却功能，造成三个机组的反应堆堆芯严重熔毁，并引发氢气爆炸，三个机组厂房严重受损，向大气释放了大量放射性物质，并有大量放射性废水排入海洋，事故被定为 7 级。该事故加深了部分人士对核能安全的不信任感，之后少数国家决定放弃核电。

（4）加拿大恰克河核事故。1952 年，加拿大恰克河实验室的零功率重水试验堆由于机械故障和人员失误，导致功率骤增、堆芯损毁、氢气爆炸，反应堆容器顶盖被炸飞，向大气和水体排放了一定量的放射性物质，但没有造成财产损失和人员伤害，被定为 5 级。

（5）英国温茨凯尔军用反应堆火灾事故。1957 年，由于英国坎伯兰郡附近的温茨凯尔军用反应堆技术人员在处置过热石墨时缺乏经验，导致反应堆起火，石墨堆芯严重损坏，大量放射性污染物外泄，附近养牛厂的工人及其管理者都受到了辐射危害。事故后英国政府出于政治考虑没有及时披露信息，周围公众持续性地暴露在较高辐射的环境中，受到了不同程度的辐射伤害。事故被定为 5 级。

（6）美国军用反应堆 SL-1 事故。1961 年，美国爱达荷州军事实验基地的低功率试验堆在启堆过程中，由于控制棒的设计缺陷，控制棒突然弹出导致功率骤增。事故导致蒸汽爆炸和堆芯熔毁，3 名操作人员死亡。但因反应堆较小，放射性污染范围较小，仅局限于反应堆所在基地范围之内，周围都是无人沙漠，几乎没有对公众造成影响。事故后美军在高辐射环境下实施了救援，并对来往人员车辆和环境进行了去污处理，甚至死者墓穴都进行了特别处理。考虑到放射性物质影响范围，事故等级被定为 4 级。

（7）苏联克什特姆后处理厂核事故。1957 年，苏联克什特姆核废料后处理设施由于设施冷却系统故障，核废料衰变热无法排出，导致地下核废料存储罐发生爆炸，放射性尘埃物质喷到空中，南乌拉尔地区 3000 平方千米受到污染，很多人患上辐射病。另外由于救援人员未能及时采取正确的医学措施，导致一些患者死亡，事故被定为 6 级。

（8）日本东海村核燃料生产厂发生临界事故。1999 年，位于日本东海村的一座铀转化厂在生产作业时，由于工人严重违反安全操作程序，将过量铀溶液倒入沉淀槽中，导致倒入铀量明显超过其临界质量，引发意外超临界事故。事故持续了约 20 小时，93 人受到了不同程度的伽马外照射和中子照射，其中 2 人死亡。事故发生后政府采取一系列应急措施，及时控制了事故的扩大，缓解并扼制了链式裂变反应的继续发生，最大限度地减少了核事故的后果和危害，保障了公众健康和环境安全，事故被定为 4 级。

从上述事故也可以看出，核事故的发生"防不胜防"，事故原因也"无奇不有"，为了限制核事故可能的伤害，还需要深入掌握事故发生发展进程，特别是反应堆堆芯熔化、放射性物质向外释放的过程，再探讨如何做好核事故应急工作。

8.2 压水堆严重事故基本过程

核反应堆严重事故是指因极端原因导致堆芯过热、燃料元件大面积失效，引发放射性物质大量外泄的事故。一般来说，核反应堆的严重事故可以分为两大类：一是堆芯熔化事故，这类事故是由于堆芯冷却不充分，引起堆芯裸露、升温和熔化的过程，其发展较为缓慢，时间尺度为小时量级，典型案例是美国三哩岛核事故福岛核事故；二是堆芯解体事故，这类事故是由于快速引入巨大的反应性，引起功率陡增和燃料碎裂的过程，其发展非常迅速，时间尺度为秒量级，典型案例是苏联切尔诺贝利核事故。研究表明，舰艇压水堆发生堆芯解体事故的概率极低，堆芯熔化事故是需要掌握的重点。

8.2.1 堆芯内融化过程

根据堆熔化时堆芯状态的差异，压水堆堆芯熔化过程大体上可以分为低压熔堆和高压熔堆两大类。低压熔堆过程往往以快速卸压的大中破口失水事故为先导，若应急堆芯冷却系统安注功能和再循环功能失效，不久堆芯就将开始裸露和熔化，锆合金包壳和蒸汽反应产生大量氢气。堆芯水位下降到下栅格板以下，堆芯支撑结构失效，熔融堆芯跌入下腔室水中，产生大量蒸汽。随后，压力容器在低压下熔穿，熔融堆芯落入舱底，威胁堆舱的安全。

高压熔堆过程往往以堆芯冷却不足为先导事件，其中主要是丧失二次侧热阱事件、小破口失水事故等。与低压熔堆过程相比，高压熔堆过程有如下特点：

高压熔堆过程进展相对缓慢，约为小时量级，因而有比较充裕的干预时间；燃料损伤过程是随堆芯水位缓慢下降而逐步发展的，对于裂变产物的释放而言，高压熔化过程是"湿环境"，气溶胶离开压力容器前有比较明显的水洗效果；压力容器下封头失效时刻的压力差，使高压熔堆过程后堆芯熔融物的分布区域比低压熔堆过程的更大，并有可能造成堆舱内大气的直接加热，因而，高压熔堆过程具有更大的潜在威胁。

无论哪种熔堆方式，压水堆堆芯熔化的过程都必然经过失水、堆芯裸露、过热熔化等基本过程，其中堆芯融化过程又大致可以分为三个阶段：

（1）堆芯有损坏，但燃料元件温度总体仍在限值以内。

（2）堆芯高度损坏且有部分熔化，但若能提供足够的安全注射水，可望恢复堆芯的可冷却性。

（3）堆芯熔化过程不断发展，直至熔穿压力容器。

进入堆芯熔化的第 2 阶段时，将伴随堆芯的进一步升温，锆合金包壳氧化，随后液化、蜡烊并在燃料下半部冻结形成局部堵塞；然后加剧堆芯损伤进程，整个堆芯就会变成一堆碎片。这一过程的响应进程受到压力容器内压力的高低、注水量是否充分等多个因素的影响，事故现象和系统行为极为复杂。

进入堆芯熔化性质变化的第 3 阶段时，二氧化铀溶解在液锆中，燃料芯块在比二氧化铀熔点低得多的温度下液化，流淌到堆芯下半部有残水的部分后可能会凝固形成固化堆芯残渣。理论分析表明，如果残渣的等效直径小于 10～15cm，那么它们在下腔室水中仍可被冷却形成固体外壳，当残水全部蒸干后，残渣就会再次熔化，在下封头处堆积成液池，因压力容器钢熔点比液池温度低得多，下封头可能很快失效。

8.2.2 堆芯外事故响应过程

如果是反应堆及一回路系统破口触发的严重事故过程，高温高压冷却剂泄漏到堆舱，将向堆舱传热、加热堆舱，另外堆芯包壳锆水反应产生的氢气泄漏到堆舱还可能会引起氢气聚集、氢气燃爆，部分裂变产物向堆舱释放、在堆舱迁移，如果堆舱破损，裂变产物还会向环境释放。

无论哪种原因诱发的严重事故过程，在下封头失效后，堆芯熔融物会进入堆舱，和舱底金属接触。舱底为金属板，下接耐压壳体，然后就是屏蔽水层。在某些严重事故下，若大量熔融物落入舱底，当熔融金属接触舱底金属板时，一方面导致金属板超温逐层熔化，另一方面导致金属塑性形变，最终可能造成耐压壳体失效。

从上述分析可以看出，舰艇核反应堆严重事故将涉及反应堆物理、系统热工水力、材料化学特性等多种问题和多种破坏形式，事故的不确定性、复杂性难以想象，目前的研究还亟待进一步深入。

8.3 压水堆严重事故防范对策

实践表明，核动力反应堆仅仅考虑设计基准事故的应对是不充分的，不足以确保人员的健康和环境的安全，必须将严重事故对策作为核安全战略的一部分，形成和实施严重事故防范与对抗手段，将严重事故对策贯穿于核反应堆的设计、建造、调试、运行、维修等全部活动中去。

核动力堆的运行经验表明，核安全的纵深防御原则是有效的，必须不断平衡、优化每道防线，在坚持做好事故防范和应对的基础上，不断强化严重事故管理及核事故核应急能力。严重事故的管理对策包括两方面的内容：一是采用一切可用的措施，防止堆芯熔化，这一部分称为事故预防；二是若堆芯开始熔化，采用各种手段，尽量减少放射性向三道屏障外的释放，这一部分称为事故的处置与缓解。

8.3.1 严重事故的预防策略

实践经验表明，坚持行之有效的工程安全实践是预防严重事故的主要策略，具体包括坚持纵深防御原则、设置多道屏障、健全质量保证体系，并设置可靠的专设安全设施。

坚持采用行之有效的安全技术，在策略上既要防止采用未经验证的技术、装备、材料，以免带来潜在风险，也要防止拒绝采用新技术的墨守成规倾向。核安全管理部门应当根据已有核反应堆的运行实践或研究结果，鼓励人们采用新技术来改进核安全；另外对于一项新技术或新设计，一定要经过无可争辩的大量试验和应用证实其有效性才能投入实践应用，这个过程建造原型试验装置是非常有用的。

贯穿于涉核活动的全过程，必须要有严重事故对策。严重事故处置战略中必须坚持预防为主的方针，同时抓紧缓解措施的研究。核反应堆安全问题在很大程度上是可靠性问题，必须确保核反应堆系统和人员的可靠性。硬件方面的可靠性来源于系统设计特征(如冗余和多样化)和质量保证体系；软件方面的可靠性主要是人的素质，即核安全文化和完备的运行及事故处理规程。分析与经验表明，严重事故的发生与发展与人因差错的关系极为密切。核反应堆的运行管理单位必须对核安全负全部责任，在全体工作人员中普遍地培育核安全文化。

8.3.2 严重事故的处置原则

从核动力反应堆的基本特征和事故现象出发，严重事故处置的基本任务依次是：

（1）预防堆芯损坏。

（2）中止已经开始的堆芯损坏过程，将燃料滞留于一回路压力边界以内。

（3）在压力边界完整性不能确保时，尽可能长时间地维持第三道屏障的完整性。

（4）若第三道屏障的完整性也不能确保，应尽量减少放射性向外的释放。

研究表明，核反应堆在严重事故工况下的响应，具有设计特异性，事故干预手段的可用性和有效性，更与核动力装置的具体布局密切相关。总的讲来，在设想和落实干预行动时，一般应当考虑以下三条原则：

（1）尽量利用一切可利用的资源，包括水源、电力、设备和人力。必要时，可以利用一些不属于标准专设安全设施的系统与设备，采用非常规的运行模式，超越系统、设备的技术限定条件。

（2）尽量避免高压熔堆过程的发生，若不可能阻止堆熔过程，则应尽力使之转为低压熔堆过程，以免发生喷射释放和堆芯熔渣溅射，直接威胁第三道屏障的完整性。

（3）在不危及堆芯安全的情况下，尽量采用善后工作量较小的事故处置方案，以尽量缩短停堆检修时间。

8.3.3 严重事故的缓解措施

由于反应堆严重事故后果的极端危害，人们采取种种措施预防事故发生的同时，还需要采用多种措施缓解事故的后果。事故缓解措施是指向操纵员提供一套建议，提示在堆芯熔化状态下的应急操作行动。进入事故缓解的时机是：所有预防性事故干预手段均已失效，前两道放射性屏障已经丧失，第三道即最后一道屏障安全壳（堆舱）已经受到威胁。

（1）核反应堆严重事故缓解的基本目标。目标是尽可能维持已高度损坏堆芯的冷却，实现可控的最终稳定状态。采用各种措施开展堆舱排热，尽可能长时间地维持堆舱的完整性，从而为艇外应急计划的实施赢得更多的时间，并尽量降低向环境的放射性释放。

（2）严防高压熔堆。高压熔堆可能导致堆舱大气直接加热，压力容器高压下熔融物喷射进入堆舱，或经堆舱壁面溅射，破碎为极细小的颗粒弥散于整个堆舱空间，熔融微粒与气体的直接换热、金属快速氧化过程，及可能伴随的氢气速燃，将可能引起堆舱的快速升压而导致破坏。从事故缓解的角度考虑，为了防止大气直接加热危及堆舱的早期完整性，当各种预防措施全部失效、堆芯不可避免地要熔化时，应当及早将它转变为低压过程。适时地开启稳压器卸压阀卸压是防止高压熔堆的有效方法。

（3）严防氢气爆炸。氢气在空气中爆燃浓度为 4% 到 75.6%（体积比），压水堆一般均装备有安全级的消氢系统，利用金属触媒网，促进氢与氧的化合而达到消氢的目的；设计消氢器时需要考虑事故下系统是否可用、能否应对严重事故下锆水反应产生的大量氢气、堆舱喷淋等复杂环境下的氢气消除等问题。

总之，核反应堆严重事故虽然现象复杂、影响深远，但其也是可防可控的，只要严格落实核安全纵深防御策略，强化严重事故防范、处置及缓解措施，可大大降低严重事故发生概率，降低严重事故后果影响。

8.4 核事故核应急

在核装备、核设施发生异常工况，导致或可能导致放射性物质失控外泄时，为控制或缓解事故发展，减轻事故后果，保护人员与环境，需要采取超出正常工作程序的行动，这些行动的总和称为核事故核应急。本节重点介绍舰艇核反应堆事故条件下的放射性源项及核应急相关基本问题。

8.4.1 事故条件下的放射性源项

舰艇核反应堆的放射性产物主要包括堆芯裂变产物、锕系元素和活化产物，其中裂变产物核素种类多、衰变转化过程复杂，且占据放射性产物的绝大多数。事故条件下需要重点关注的是裂变产额高、中等半衰期、生物效应明显的气态或易挥发性产物,主要包括惰性气态 Kr 和 Xe,挥发性核素 I、Cs、Te。其中碘的同位素会,释放高能 β 和 γ 射线,对空气浸没外照射贡献很大,同时碘还易积累在甲状腺内造成该器官的内照射,因此 ^{131}I 的释放量一直被用作度量事故严重程度的标准。

锕系元素主要是重原子核通过不断俘获中子而形成的,绝大多数半衰期非常长,一旦释放到环境,将对长期群体剂量产生重要影响。堆芯活化产物主要包括冷却剂本身的活化、冷却剂内原有杂质的活化以及堆芯结构材料、冷却剂回路管道和设备表面腐蚀产物的活化等。最终形成的活化产物主要包括 ^{16}N、^{19}O 及 ^{51}Cr、^{56}Mn 等。

1. 舱室内放射性物质的释放途径

反应堆内冷却剂和堆舱大气是传输放射性的基本介质,根据放射性物质的产生特征和释放的基本途径,舱室内放射性物质的释放途径主要包括:

(1)如果燃料元件发生破损,第一道放射性屏障失效,放射性裂变产物会释放到冷却剂中。根据燃料损坏特征,可以分为气隙释放和熔化释放。气隙释放是指燃料包壳因高温破损,燃料棒内裂变产物将向主回路释放,在气隙释放时,惰性气体几乎全部释放到主回路,卤素和碱金属部分进入主回路,挥发性小的物质几乎不会释放。在燃料元件熔化时,将发生熔化释放,这时惰性气体将很快释放,高挥发性的卤素和碱金属大部分释放,但其他核素的释放份额很小。

(2)如果一回路系统承压力边界发生破损或失效,一回路系统冷却剂内的放射性核素将泄漏到堆舱或环境中。

(3)如果蒸汽发生器传热管发生破损泄漏,一回路系统冷却剂内的放射性核素会泄漏到二回路系统,直接旁通第三道放射性屏障。

(4)如果堆舱密封失效,堆舱放射性物质会释放到其他舱室或环境中。

上述分析给出了放射性物质的释放途径,释放率大小主要取决于放射性屏障的破坏特征。在分析放射性产物的释放特征时,需要综合利用定量分析与概率安全分析(PSA)技术,研究不同始发事件诱发的堆芯损坏事故进程;并根据事故演进相似性,将它们归结为若干个反应堆损坏状态。从反应堆损坏状态开始,再研究堆舱失效过程,建立堆舱响应特性,得到若干放射性外逸通道,根据通道的相似性将它们归并为若干事故释放类,进行放射性物质释放总量的计算。

例如，对于一回路系统小破口失水事故，可根据一回路破口向堆舱泄漏的放射性量，并综合考虑堆舱内的感生放射性值叠加得到总的堆舱放射性特征。对于 SGTR 事故中，可根据一回路源项和一回路系统冷却剂向二回路系统泄漏特征，分析计算向二回路释放的放射性物质量。

2．舱室内放射性物质的迁移变化

释放到舱室的放射性核素主要以气体或气溶胶形态存在，气体是放射性物质蒸发、升华所形成的单分子态，气溶胶是固态或液态多分子凝聚物颗粒在气体中的弥散体，两种形态统称为气载物。这些气载物在舱室内会扩散迁移，同时这些放射性物质一方面会通过放射性核素的自然衰变、向邻舱的泄漏、气溶胶的沉积以及气态裂变产物在堆舱壁面和设备表面的吸附等而自然减少，另一方面也可通过投入堆舱喷淋系统和堆舱应急排风系统工程安全设施而去除。

3．放射性物质在环境中的迁移变化

如果事故造成舱室破坏，放射性"气载物"将从舱室释放到环境，然后将主要受大气湍流的影响，迅速向水平和垂直方向扩散；扩散过程将受到建筑物、烟气抬升、物质沉降等因素的影响。

核事故条件下，放射性核素的成分、数量、释放率和释放方式等事故源项特征是核事故核应急的基本依据，源项的准确性直接影响到应急决策的有效性；但在核应急状态下，迅速而准确地估算已经或即将释放的源项，是一项急需但非常困难的工作。目前，通常采用查询典型事故源项数据库、基于堆芯损伤状态估算、应用严重事故分析程序模拟计算、根据辐射监测数据反推等方式来确定事故源项。

8.4.2 核应急相关基本问题

核事故核应急是核安全纵深防御体系下的最后一道防线，涉及大量的人力、物力、财力，影响巨大而深远，因此，核应急的相关工作都有相关法律、法规、标准和实施细则来进行规范和约束，通过这些法规文件明确给出了核应急工作该如何组织实施，解决具体干什么和怎么干的问题。下面简要介绍一些核应急相关基本问题，主要包括核应急响应的管理体系、核应急干预原则及依据、核应急时的照射控制三个方面。

1. 核应急响应的管理体系

在民用涉核领域，我国核事故应急工作实行国家、地方政府和涉核营运单位三级管理体系，即国家核事故应急协调委员会、涉核活动地域的地方核事故应急委员会（一般由省级人民政府设立）及涉核营运单位内部设立的核应急指挥部（下设核应急办公室），分别负责全国、所在地区和本单位的核事故应急管理工作。

针对舰艇核动力装置，结合军队的指挥管理体制，也建立了相应的核事故应急指挥管理体系，对核事故进行处置。

2. 核应急干预原则及依据

核事故条件下，为降低公众可能接受的辐射剂量水平，需要采取强制性防护手段，即开展核事故应急干预，但这些措施往往会干扰公众的正常生活，还可能会给公众和社会带来新的影响和不便。例如，实施交通管制可能会产生交通拥挤，出现交通事故；公众集中隐蔽既需要集中隐蔽的场所，还可能会遇到饮食供应、医疗卫生等问题；撤离不仅受道路、交通工具和居民安置等一系列条件的限制，还可能会出现疾病、伤亡以及财产安全及经济损失等新的危害。因此，任何干预都必须十分慎重。人们在实践过程确定了核事故应急干预的基本原则，主要包括干预必须是正当的，干预的时刻和范围应是最优化，公众成员受到的剂量必须得到合理的限制。具体的应急防护措施主要包括隐蔽、服用稳定性碘片、撤离、食物和饮用水控制、出入通道的管制、避迁、去污等。同时，需依托干预水平来指导选择合理的应急防护措施。

所谓干预水平，是指在核事故时对公众采取应急防护措施（即实施干预）所依据的辐射剂量水平。凡是所采取的防护行动措施能避免掉的剂量高于此剂量值时，则采取措施是必要的。通过"通用优化干预水平、通用行动水平"等度量参数可以快速确定是否隐蔽，是否服碘，或是否撤离。例如，隐蔽的通用优化干预水平为 10mSv，意味着如果采取隐蔽措施后将可减少 10mSv 以上的剂量，则应尽快执行隐蔽防护措施。

3. 核应急时的照射控制

实际上在核事故条件下除了要保护公众安全外，还要考虑参与核应急行动工作人员的安全。实践过程中针对应急工作人员，主要通过核应急照射控制来限制相应的受照干预行动。例如：按日本政府规定，在紧急情况下，核电站工作人员每年受照剂量不能超过 100mSv。在日本福岛核电站核事故应急过程中，为了保持对堆芯的冷却，日本当局放宽了剂量控制要求，提出了应急工作人员不超过 250mSv 的剂量。

我国国军标对于应急剂量控制标准是：发生事故时，应急工作人员的受照剂量一般应控制在 50mSv 以内；为防止事故后果扩大、保护武器装备、避免其他人员受严重损伤，应急工作人员的受照剂量应控制在 100mSv 以内；为抢救生命，应急工作人员的受照剂量不应超过 500mSv。

8.4.3 核应急计划与响应

核事故核应急是一项涉及社会政治、经济、安全等多方面的响应行动，为方便在严重核事故情况下能及时、有效地采取应急响应措施，控制事故的发展，防止或最大限度地减少事故的后果和危害，保护环境，保障工作人员和公众的安全，需事先制定好核应急计划，做好应急准备。

应急计划是根据核应急工作目标所制定的应急响应组织结构、主管部门和工作责任的描述性文件，该计划包括预定将由所有相关组织和主管部门开展的一切活动。核事故应急计划主要包括场内核事故应急计划、场外核事故应急计划和国家核事故应急计划。各级核事故应急计划应当相互衔接、协调一致。相关文件和准备工作应涉及应急状态分级、应急计划区划分、应急组织与职责、应急设施设备、应急运行控制与系统设备抢修、事故后果评价、应急防护行动、应急照射控制、医学救护、公众信息与沟通、应急响应能力的维持等多方面的内容。

1. 核应急状态分级

为了更好地协调组织和实施核应急行动，人们根据每一种核事故的特征、性质、规模、后果及严重程度，特别是可能造成的放射性后果的严重性及影响范围对核事故应急级别进行划分。

针对民用核电厂，我国按照相关管理条例要求可将核事故的应急状态依次分为应急待命、厂房应急、场区应急和场外应急四个等级：

（1）应急待命。出现可能导致危及核电厂安全的某些特定工况，核电厂营运单位的有关人员得到通知进入应急准备状态，必要时可以通知场外有关组织处于待命状态。

（2）厂房应急。所造成的事故后果仅限于核电厂的厂房内部或局部区域，场内人员按照场内核事故应急计划的要求采取核事故应急响应行动，通知场外有关核事故应急响应组织。

（3）场区应急。所造成的事故后果蔓延至整个场区，场内人员采取核事故应急响应行动，通知场外应急组织，某些场外核事故应急响应组织可能采取核事故应急响应行动。

（4）场外应急。所造成的事故后果超越场区边界，此时应执行整个场内和场外的核事故应急计划。

参照核电站核应急等级划分方式，根据舰艇核反应堆核事故特点及军队相关法规条例有关规定，根据舰艇核反应堆核事故可能危及核安全的特定状况和放射性物质释放情况，核反应堆核应急状态通常分为应急待命、艇内应急和艇外应急三级。

（1）应急待命。是指出现可能危及核动力装置安全的某些特定工况或外部事件的状态，全体艇员及相关应急力量进入戒备。

（2）艇内应急。是指放射性物质已释放到工作舱室和生活舱室，事故后果仅限于舰艇内，即使超出舰艇外也不会达到干预水平的状态。由艇上应急力量进行先期处置，相关应急力量视情做好应急准备。

（3）艇外应急。是指放射性物质已释放到舰艇外，港区甚至港区外或事故艇周围一定海域需要采取紧急防护行动的状态。由艇上力量进行先期处置，外围应急力量进行紧急支援。

2．核应急计划区的划分

为了保证在核事故时能够迅速采取有效的行动保护公众，在涉核场所周围事先建立的，需要制定相应应急计划并做好应急准备的区域称为核应急计划区。

根据照射途径的差异，应急计划区可分为两类：烟羽应急计划区和食入应急计划区。

（1）烟羽应急计划区是针对烟羽照射途径而建立的，通常可分为内区和外区。内区一般以涉核活动场所为圆心，设定为一定半径范围的区域，一般在几千米范围，在该区域内需要做好撤离或者预防撤离和服用碘片的应急准备。外区一般以涉核活动场所为圆心，设定为更大半径的区域，在该区域内需要做好隐蔽和服用碘片的应急准备。

（2）食入应急计划区是针对食入照射途径（食入污染食品和水的内照射）

而建立的应急计划区。食入应急计划区一般更大，一般在几十千米半径范围。在该区域内需要做好食品、水的监测和控制受污染的食物和水的扩散及摄入等准备工作。

与地方核电站相关标准不同，在军队核事故应急区域，通常分为应急计划区和应急监测区，通常根据核装备核设施核事故的严重程度及周围自然与社会环境状况划定。如果核动力舰艇在港口、洞库发生核事故，则应急计划区限于基地港区范围以内，且在周边某一范围内建立应急监测区，并在此区域内进行烟羽照射途径和食入照射途径的监测，以便及时掌握放射性物质释放和对环境影响的程度，采取相应防护措施。如果核动力舰艇在远离陆地的海上发生核事故，在海上不划定专门的应急计划区，一般是根据事故地点、性质、严重程度和周围环境等因素，在一定范围内划定警戒区和监测区，警戒区不允许无关船只进入，以避免不必要的照射，确保海上救援工作的顺利进行。通常建议以事故艇为中心、半径某一范围内建立应急监测区，加强辐射监测，掌握放射性污染范围。

3．核应急响应程序

为更好地实施核事故应急计划，一般配套建有详细的核应急响应实施细则，这就是应急计划的执行程序。编制执行程序的主要目的是使核应急组织和人员在应急响应期间更加便于操作并能够协调一致。同时，也可用作培训各类应急人员的操作规程。现在，有些涉核单位又将核应急计划的执行程序细分为管理程序和技术程序。这些程序就是开展核应急工作的基本操作依据。

核事故极其复杂，核应急工作既是深奥的技术问题，也是复杂的管理问题和社会问题，涉及的学科领域众多，本章只是简单介绍相关基本概念，更加细致的知识读者可以参阅有关著作。通过本章的知识介绍，希望从业者们能更加重视核安全与核应急，时刻关注防范核事故的发生，为我国核事业的发展添砖加瓦、保驾护航。

思 考 题

1. 核事故下可采用哪些应急防护措施？
2. 核事故应急计划区域如何划分，有何意义？
3. 什么是通用优化干预水平？这个参数对于核应急行动有何指导作用？

4. 压水堆事故工况下,裂变产物释入一回路冷却剂系统的途径主要有哪些?

5. 压水堆堆芯熔化过程如何分类?详细说明对应过程的特点。

6. 试以典型的舰艇压水堆为例,分析可能导致堆芯熔化的事故序列。

7. 什么是应急状态分级?核潜艇核事故应如何进行应急状态分级。

8. 压水堆堆芯部分熔化后开展堆芯应急冷却注水时,会对安全有哪些不利的影响?为什么?

9. 什么是放射性源项?

10. 试分析舰艇核动力装置为应对严重事故,应采取什么样的基本策略?

附录　核电站严重事故简介

严重事故将导致大量放射性物质的释放，后果严重。下面着重介绍核电史上迄今为止发生的三起严重事故：1979 年美国三哩岛核事故，1986 年苏联切尔诺贝利核事故，2011 年日本福岛核事故。

1．三哩岛核事故

三哩岛核电站位于萨斯魁哈娜河的三哩岛上，距离美国宾夕法尼亚州哈里斯堡镇 10 英里（16.09 千米），为压水堆核电厂，其厂区内装置布局如附图 1 所示。

三哩岛核事故起因于核反应堆二回路给水系统失效，导致给水泵 A 停转。反应堆立即自动停堆，汽轮机脱扣，但由于给水停止，堆内衰变余热无法通过蒸汽发生器热交换导出，压力容器及一回路系统压力逐渐上升，导致稳压器泄压阀 B 打开，主回路系统冷却剂通过泄压阀排入泄压箱 C。同时备用给水泵 D 启动，但由于阀门 E 误关闭，给水无法进入蒸汽发生器二次侧。事故触发 8min 后，操纵员打开阀门 E，给水进入蒸汽发生器二次侧，但同时由于稳压器泄压阀 B 卡开，一回路压力持续下降，堆芯应急冷却系统自动投入向堆芯补水，几分后，稳压器水位显示器显示水位高，操纵员关闭堆芯应急冷却系统。

一两小时后，主泵 F 剧烈振动，操纵员停止主泵运行，主回路失流。同时衰变热仍然持续产生，堆芯冷却剂沸腾，堆内产生大量蒸汽，部分堆芯裸露长达几小时。

堆内持续高温导致燃料元件损坏，部分挥发性裂变产物进入主系统，由于稳压器泄压阀卡开，挥发性裂变产物从泄压阀排入泄压箱，泄压箱溢流，裂变产物进入安全壳堆坑。堆坑内放射性水被泵 G 抽入到辅助厂房，其中挥发性放射性核素通过通风口进入大气环境。这些放射性核素主要是 ^{135}Xe、^{131}I，还有少量的氪。碘的释放量达到 16 居里。

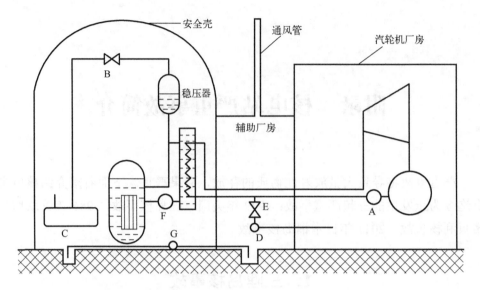

附图 1 三哩岛压水堆布局图

此时，堆内持续裸露的燃料元件包壳在高温下与水蒸气发生锆水反应，反应产生的氢气聚集在压力容器上部，进一步阻滞了冷却剂的流动。但由于没有氧气，未导致压力容器内氢爆，但氢气通过泄压阀进入安全壳，事故触发 10h 后，安全壳大厅发生氢气燃烧，燃烧使安全壳内出现压力脉冲，但未导致安全壳失效。

事故发生 16h 后，操纵员重新启动主冷却剂泵，系统内冷却剂重新开始流动，堆芯逐渐冷却。随后的几天内，操纵员采取相关安全措施，事故得到控制。尽管事故并未导致灾难性的后果，但仍有相当数量的放射性物质泄漏至大气环境，同时反应堆堆芯损坏无法运行。事故导致的放射性泄漏将造成周围居民癌症发病率的增加，堆芯损坏和后期的清理维护工作也带来巨大的经济损失。

三哩岛核事故的教训告诉我们，一系列小的错误叠加在一起可能导致严重后果，常见的部件如泵、阀的故障或设计缺陷，人员的误操作、误判断合并在一起将导致严重事故。

2. 切尔诺贝利核事故

切尔诺贝利核电站位于苏联基普以北普里普塔河边，发生事故的是 4 号机组。事故导致大火，大量的放射性物质释放到环境，后果非常严重。

切尔诺贝利核电站的反应堆堆芯采用石墨为慢化剂，轻水为冷却剂，压力管式设计。其反应堆的许多特性是其他国家反应堆所不具备的，这引起了相关部门对其安全性的关注。20世纪70年代，英国工程师专门考察了切尔诺贝利核电站，并针对反应堆设计的安全性提出了质疑，主要有以下几点：

（1）控制棒价值不够大，无法满足所有条件下的停堆要求。

（2）反应堆有正的空泡系数，在低功率下有正的功率系数。这是由于苏联缺乏浓缩铀生产能力，燃料富集度仅为2%，反应堆采用过慢化设计导致。

（3）缺乏第二套停堆系统。

（4）反应堆以石墨为慢化剂，当温度超过700℃时，石墨与空气接触会发生自燃，这是潜在的安全隐患。

（5）与西方水冷堆相比，安全壳结构和功能弱，不足以抵御事故的冲击。

同时，反应堆的设计与西方的设计相比，操纵员有更大的操纵裕度。例如，操纵员可以不顾自动停堆系统的动作，手动使反应堆保持运行；而在西方的反应堆设计中，内部锁死系统阻止操纵员的误操作。此外，核电站运行操作中有一条基本要求，就是控制棒不能抽出太多以防反应性裕量太小，但是切尔诺贝利核电站却没有相关安全设计去阻止操纵员的这种操作。

最重要的一点，电站的紧急停堆系统是由控制棒驱动机构使控制棒逐步插入堆芯，而不是像其他核电站那样依靠重力使控制棒自由下落，这样使得紧急停堆需要的时间更长。

以上所有这些都说明，切尔诺贝利核电站的设计缺陷使得反应堆安全裕量低，但这份报告并未引起苏联核电部门的重视。

事故是在进行试验以测试危冷系统效能时发生的。试验原计划进行正常停堆，但最终导致灾难性后果，事故过程如下：

（1）原计划进行正常停堆，逐步将反应堆功率从3200MW降至700MW。但操纵员的误操作使得反应堆功率突降至30MW，突然降功率导致的碘坑现象，使得操纵员只能将功率维持至200MW，无法达到试验大纲预期的700MW，按照操作规程，操纵员本应停止此次试验。

（2）违反试验操作规程，操纵员启动备用冷却剂泵，这意味着堆芯功率水平为正常运行时的7%，而冷却剂流量却达到了正常运行时的120%，全堆芯等温。

（3）此时，蒸汽汽鼓水位低，系统发出停堆信号，但操纵员关闭停堆信号，手动给汽鼓加水，冷水的进入使反应堆温度降低，由于正的空泡系数，引入负反应性，反应堆功率下降。为维持功率，操纵员继续提升控制棒。

（4）此时控制棒已提出堆外太多，反应性裕量太低，按照操作规程，应该紧急停堆，但操纵员无视规程。

（5）1986年4月26日凌晨1:23′10″，试验正式开始，操纵员停止汽轮机运行，通常反应堆也应立即停闭。但操纵员违反操作规程取消停堆信号，手动维持反应堆继续运行。

（6）此时反应堆已处于非常危险的状态，反应堆在低功率下运行，由于冷却剂的高流量使得堆芯处于等温状态，汽轮机的停止导致热阱丧失；此外，控制棒提出堆外过多，无法实现快速停堆。

（7）由于热阱丧失，冷却剂温度开始逐步上升直至饱和温度，由于堆芯的等温状态，冷却剂容积沸腾，正的空泡系数达到最大值。

（8）1:23′40″，堆功率开始上升，操纵员手动停堆，控制棒逐步下插进入堆芯，但由于控制棒抽出太多，未能立即停堆，堆功率仍然持续上升。

（9）低功率下正的功率系数，导致冷却剂的容积沸腾时堆功率快速上升，燃料多普勒效应无法抵偿反应性的增加。

（10）1:23′43″，功率上升至530MW，至此，反应堆周期不到1s，堆功率按指数规律爆升，达到瞬发超临界。UO_2芯块由于功率骤升导致的热冲击而碎裂解体，高温芯块与冷却水接触，在1:23′48″，发生蒸汽爆炸；锆—水、石墨—水反应产生大量氢气，几秒后又发生氢气爆炸，爆炸撕裂了石墨水经堆无安全壳改为厂房更为合适，大量放射性物质释放至环境。高温石墨暴露在空气中，立即发生了自燃。

（11）放射性释放持续了10天，5月5日，在多方努力下，放射性释放终止，大约占堆芯总量20%的碘、12%的铯、几乎全部的惰性气体释放至环境。

事故的教训非常惨痛，首先也是最重要的一点，就是告诉我们在任何情况下，反应堆都不允许出现正的反应性反馈；其次，当反应堆关键参数超出阈值时，反应堆必须立即自动停堆，停堆保护系统绝不允许操纵员人为关闭；第三，停堆保护系统必须快速、高效、可靠，为确保可靠，必须有冗余的第二套停堆系统。最后，水冷堆的安全壳设计必须足够坚实以确保事故下安全壳的完整性。

切尔诺贝利核电站事故后果非常严重，事故造成31人当场死亡，厂区30km范围内的135000名居民避迁，癌症死亡率达到10%，事故造成的经济损失和政治影响也是无法估量的。

3. 福岛核事故

福岛核电站地处日本福岛工业区，是目前世界上最大的核电站，由福岛第一核电厂（6台机组）、福岛第二核电厂（4台机组）组成，共10台机组，均为沸水堆。

地震发生的当天，福岛第一核电厂1号机组处于稳定功率运行状态，2、3号机组处于稳定热功率运行状态，4、5、6号机组处于大修状态；第二核电厂全部机组处于稳定热功率运行状态。

事故发生及过程：

1）福岛第一核电厂

2011年3月11日14:46，日本东北部福岛和茨城地区发生地震，迫使正在运行中的福岛第一核电厂的1、2、3号机组自动停堆。

反应堆停堆、汽轮机停转，厂用电源切换至厂外电源。但由于地震导致电力输送铁塔损坏，厂外电源丧失。因此，每台机组备用柴油发电机组自动投入运行，以维持反应堆和乏燃料池的冷却。

随后，除6号机组一台应急柴油发电机外，1~5号机组应急柴油发电机被地震引发的海啸损坏，导致1~5号机组丧失全部直流电源。

随后，东电公司发现1号机组RCIC系统无法正常运行，开启1号机组隔离冷凝器系统A列冷凝器阀门，通过注入淡水以维持隔离冷凝器功能；2、3号机组RCIC系统仍能维持正常运行。

3月11日23:00左右，1号机组汽轮机厂房剂量水平增加，3月12日0:49左右，东电公司证实1号机组的PCV超压；5:46，东电公司使用消防车对1号机组进行替代注水，同时开始PCV排气泄压；12:30，PCV压力下降；15:36，1号机组厂房上部发生氢气爆炸。

同时，3号机组RCIC系统于3月12日11:36停止运行，HPCI系统随后自动启动。东电公司通过"湿排"以减少PCV压力，3月13日9:25，消防车开始向反应堆注入淡水，此外，经多次排气，PCV压力下降，但在3月14日11:01，3号机组反应堆厂房上部发生氢爆。

3月14日13:25，2号机组被确认RICI系统因反应堆水位下降而停止工作，东电公司开始进行RPV减压，并对反应堆注入海水，但PCV仍然超压。3月15日6:00，2号机组抑压水池附近发生氢爆。

4号机组丧失全部交流电源，3月15日6:00全燃料水池发生氢爆，反应堆厂房毁坏。

5号机组也丧失全部交流电源，导致丧失最终热阱。堆芯压力持续上升，在接通6号机组提供的电源后，在反应堆停堆冷却模式下，通过向堆芯注入海水以控制其水位和压力，并最终于3月20日14:30，使反应堆进入冷停堆状态。

6号机组标高相对较高，海啸中仍能维持一台应急柴油发电机的运行，但海水泵丧失功能。东电公司安装了临时海水泵向堆芯注入海水维持水位和压力，于3月20日19:27反应堆进入冷停堆状态。

2）福岛第二核电厂

福岛第二核电厂1号机组是4台运行机组中唯一因地震而自动停堆的机组，但并未丧失厂外电源。随后由于地震引发的海啸，1、2、4号机组的海水泵无法运行，丧失反应堆冷却能力。但随着震后恢复工作的开展，厂外电源得以维持，加上金属铠装置、直流电源等设施均未被淹没，1、2、4号机组恢复了冷却功能，3月14号17:00，1号机组进入冷停堆状态，随后2、3、4号机组相继进入冷停堆状态，地震未对福岛第二核电厂造成大的危害。

参 考 文 献

[1] 王淦昌. 核能——无穷的能源（院士科普系列）. 北京：清华大学出版社，2006.

[2] 范育茂. 核反应堆安全演化简史[M]. 北京：原子能出版社，2016.

[3] 吴宜灿. 核安全导论[M]. 合肥：中国科学技术大学出版社，2017.

[4] 罗顺忠. 核技术应用[M]. 哈尔滨：哈尔滨工程大学出版社，2015.

[5] 郭江. 原子及原子核物理[M]. 北京：国防工业出版社，2014.

[6] 陈玉清，蔡琦. 舰船核反应堆运行物理[M]. 北京：国防工业出版社，2017.

[7] 环境保护部辐射环境监测技术中心. 核技术应用辐射安全与防护[M]. 杭州：浙江大学出版社，2012.

[8] 霍雷，刘剑利，马永和. 辐射剂量与防护[M]. 北京：电子工业出版社，2015.

[9] 王俊峰. 放射性废物处理与处置[M]. 北京：原子能出版社，2012.

[10] 尚爱国. 核武器辐射防护技术基础[M]. 西安：西北工业大学出版社，2016.

[11] 春雷. 核武器概论[M]. 北京：原子能出版社，2005.

[12] 经福谦，陈俊祥，华钦生. 揭开核武器的神秘面纱（院士科普系列）. 北京：清华大学出版社，2006.

[13] 张大发. 船用核反应堆运行管理[M]. 哈尔滨：哈尔滨工程大学出版社，2010.

[14] 彭敏俊. 船舶核动力装置[M]. 北京：原子能出版社，2009.

[15] 林诚格，郁祖盛. 非能动安全先进核电厂AP1000[M]. 北京：原子能出版社，2008.

[16] 朱继洲. 核反应堆安全分析. 西安：西安交通大学出版社，2007.

[17] 杨连新. 走进核潜艇. 北京：海洋出版社，2007.

[18] 柴建设. 核安全文化理论与实践[M]. 北京：化学工业出版社，2012.

[19] 郭子军．日本福岛核事故暴露的核安全文化问题[J]．中国辐射卫生，2013．222（1）：88-90．

[20] 环保部核与辐射安全中心．日本福岛核事故[M]．北京：原子能出版社，2014．

[21] 岳会国．核事故应急准备与响应手册[M]．北京：中国环境出版社，2012．